Illustratorで頭の中のそれデザインできます

Ai

著　五十嵐華子　高橋としゆき

エムディエヌコーポレーション

JN016018

［ はじめに ］

本書は Illustrator を使って、

漠然と「こんなデザインが作りたい」

「SNS で見たあのデザインみたいなものが作りたい」

と思った方の頭の中にあるイメージを

再現するための方法を 1 冊にまとめました。

まだまだ操作には慣れていなくても、

作りたいものはたくさんある！

そんな方々の一助となるよう、

ベーシックな技法を中心に、

より簡単な操作で辿り着けるように解説をしています。

まずはここからデザインをはじめてみる、

そんなわくわくを、この 1 冊ではじめてみてください。

CONTENTS

PART 1 [つくる]

PART 2 [ととのえる]

PART **3** ［ のこす ］

知っておきたい
Illustrator の基礎知識

「頭の中のそれ」を探そう

やってみたいデザイン、作ってみたいもののインスピレーションを
街中やSNSなど、目にしたものから探してみましょう。
頭の中にあるイメージを膨らませるヒントがたくさんあるはずです。

丸、三角、四角…きれいに図形を
作ってデザインのモチーフにしたい

▶ LESSON 02　いろんな図形を作りたい

背景を透けさせて抜け感のある
おしゃれなデザインが作りたい

▶ LESSON 05　透け透けにしたい

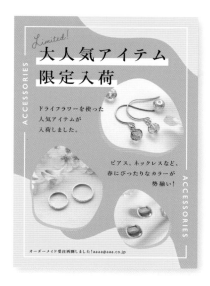

ふにゃっと優しい印象だけど、
大胆な切り返しをつけた
デザインを作りたい

▶ LESSON 07

ふにゃっと切り返しを作りたい

ラフにかすれ感のある線を
デザインに取り入れてみたい

▶ LESSON 11 線の質感を変えたい

素材集のフレームを活用して
凝ったデザインを作りたい

▶ LESSON 12　素材を活用したい

文字を加工して
印象的な見出しを作りたい

▶ LESSON 15
かんたんにできる
文字加工の種類を
知りたい

写真に文字を沿わせたり、
好きなかたちに文字を沿わせたい

▶ LESSON 16　文字を沿わせたい

文字を直線に並べるだけじゃなく
動きをつけて大胆に配置したい

▶ LESSON 19　文字に動きをつけたい

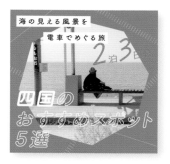

写真を好きなかたちに切り抜いて
デザインのメインにしたい

▶ LESSON 24

写真を好きなかたちに切り抜きたい

写真をイラストタッチに
するにはどうしたらいいの？

▶ LESSON 27

写真からイラストを起こしたい

背景にグラデーションをつけて
おしゃれな雰囲気のデザインにしたい

▶ LESSON 31

グラデーションを作りたい

同じ素材を均等に並べると可愛い！
背景パターンのようにきれいに
並べる方法は？

▶ LESSON 32

同じ素材をいっぱい敷き詰めたい

PART 1

Illustratorで

[つくる]

図形を組み合わせる、文字を配置する、
写真を使う、背景に模様をつける…。
デザインはいろんな要素を組み合わせて作り出します。
パッと、「こんなものが作りたい！」と思ったものを、
実践してデザインに取り入れてみましょう。
ここでは Illustrator を使ってできる
ベーシックなデザインテクニックを紹介しています。

写真を切り抜いて
デザインに使いたい！

背景に
好きな模様を
つけたいなぁ

タイトルの文字を
もっとインパクトのある
デザインにしたい！

シンプルな線

ココ！を示すやじるし

きっちりした点線

ラフな点線

丸く可愛いドットの線

かくかくジグザグ線

なめらか波線

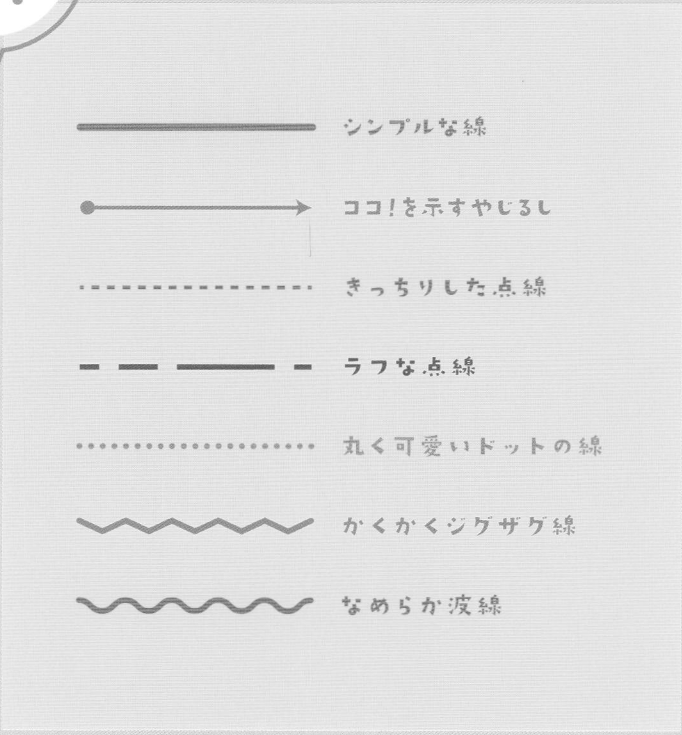

線のバリエーションを増やしたい

Illustrator では基本の直線から設定を変えるだけで
さまざまな線を作ることができます。
矢印や点線（破線）、波線などバリエーションを増やして
目的に応じてアレンジしてみましょう。

〔 基本の直線の設定 〕

1 ツールバーで［直線ツール］に切り替え、アートボード上をドラッグして直線を描きます。 Shift キー＋ドラッグすると、斜め45°単位の線を描けます。

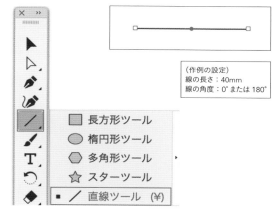

（作例の設定）
線の長さ：40mm
線の角度：0°または180°

2 直線のオブジェクトが選択されている状態で、「プロパティパネル」の［アピアランス］で線のカラーを変更します。［線］左側のカラーのサムネイルをクリックして、「スウォッチパネル」または「カラーパネル」を表示します。自由にカラーを作成する場合は、「カラーパネル」のスライダーで設定しましょう。

線のカラー変更後

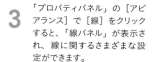

オブジェクトを選択できていないときは、ツールバーで［選択ツール］に切り替えて、オブジェクトをクリックします。

3 「プロパティパネル」の［アピアランス］で［線］をクリックすると、「線パネル」が表示され、線に関するさまざまな設定ができます。

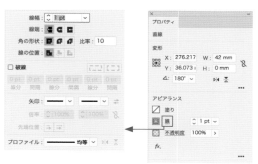

シンプルな線を作成する

線の端を丸くするには、「線パネル」の［線端］を［丸型線端］に変更します。線の長さとのバランスをとりながら［線幅］でやや太めの線幅を設定すると、可愛らしい印象のシンプルな線が作成できます。

（作例の設定）
線幅：4pt
線のカラー：M80 ／ Y20

矢印を作成する

線の先端を矢印にするには、線のオブジェクトを選択して［矢印］で始点と終点のデザインを選択します。
矢印のパーツの大きさは、［倍率］で調整できますが、［線幅］によっても変わるため、線の太さを変更する際には注意しましょう。

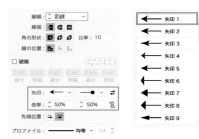

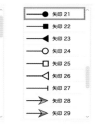

［矢印の始点と終点を入れ替え］
⇄をクリックすると、矢印の始点と終点のパーツを反転できます。

（作例の設定）
線幅：2pt
線のカラー：C70 ／ Y20
矢印（始点）：矢印 1
矢印（終点）：矢印 21
倍率（始点・終点）：50%

いろいろな点線（破線）を作成する

1 線を点線にするには、線のオブジェクトを選択して「線パネル」の［破線］のチェックをオンにします。線幅とのバランスをとりながら、左端の［線分］に好きな数値を設定しましょう。［間隔］が空欄のときは左隣の［線分］と同じ値が自動的に設定され、等間隔の破線になります。

（作例の設定）
線幅：2pt
線のカラー：M75 ／ Y85
破線の線分：4pt

2 ラフな点線は［線分］と［間隔］の組み合わせを利用します。「線パネル」の［破線］のチェックをオンにして、［線分］と［間隔］の組み合わせを3種類設定します。さらに［線分と間隔の正確な長さを保持］をオンにすると、ラフな破線になります。

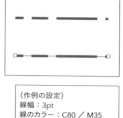

（作例の設定）
線幅：3pt
線のカラー：C80 / M35
破線の線分と間隔（左から）：
10pt / 10pt / 20pt /
10pt / 50pt / 10pt

［コーナーやパス先端に破線の先端を整列］
[ ] は、角の部分でも破線をきれいに見せるためのオプションです。［線分と間隔の正確な長さを保持］[ ] では角の部分で破線を整えない代わりに、［線分］と［間隔］の正確さを優先できます。

3 丸いドットの線は［線端］と［破線］の組み合わせを利用します。「線パネル」の［線端］を［丸形線端］にし、［破線］のチェックをオンにして、左側の［線分］を［0］、［間隔］に［線幅］以上の数値を設定します。これでドットどうしの間隔が空いてきれいに仕上がります。

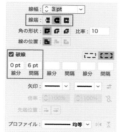

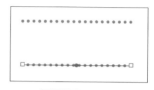

（作例の設定）
線幅：3pt
線のカラー：M80 / Y20
破線の線分と間隔：0pt / 6pt

ジグザグや波線を作成する

ジグザグや波線を作るには、線のオブジェクトを選択して「プロパティパネル」の［アピアランス］で［効果を選択］をクリックし、［パスの変形］→［ジグザグ］を実行します。「ジグザグ」ダイアログで［プレビュー］をオンにし、結果を確認しながら［大きさ］と［折り返し］に数値を設定します。［ポイント］を［直線的に］にするとジグザグ、［滑らかに］にすると波線になります。設定できたら、［OK］をクリックして終了します。

効果を選択　　効果を編集

設定をもう一度変更するには、線のオブジェクトを選択して「プロパティパネル」の［アピアランス］で［ジグザグ］の項目をクリックします。効果の設定は、あとから何度でも自由に変更できます。

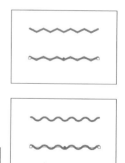

（作例の設定）
線幅：3pt
線のカラー：C70 / Y20（ジグザグ）　M75 / Y85（波線）
線端：丸型線端　　ジグザグの大きさ：1mm / 入力値
折り返し：9

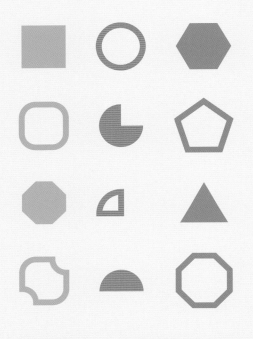

いろんな図形を
作りたい

丸や三角、長方形などは、
アイコンやイラストのベースにもなる基本的な図形です。
対応するツールでドラッグ、またはクリックして作成したら、
さまざまなかたちにアレンジしてみましょう。

長方形を描く

1 ツールバーで［長方形ツール］に切り替え、アートボード上をドラッグして自由な大きさの長方形を描きます。作例のように正方形を描くときは、 Shift キーを押したままドラッグします。

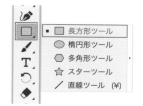

（作例の設定）
幅：20mm
高さ：20mm
塗りのカラー：C30 ／ Y100

2 描いた長方形のオブジェクトが選択されている状態で、「プロパティパネル」の［アピアランス］から［線］と［塗り］のカラーを自由に設定します。

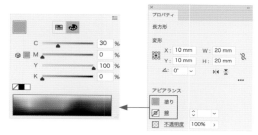

長方形の角を丸くする

1 オブジェクトを選択した状態で、「プロパティパネル」の［変形］で［詳細オプション］をクリックし、パネルを表示します。［角丸の半径値をリンク］をオンにして、［角丸の半径］を入力すると、四角形の角が丸くなります。

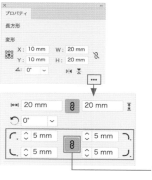

（作例の設定）
角の種類：角丸（外側）
角丸の半径：5mm

━━ 角丸の半径値をリンク

2 ［角丸の半径］に数値が設定されているときは、［角の種類］を変更できます。［角丸（外側）］、［角丸（内側）］［面取り］から選びます。角ごとに異なる種類を設定して、デザインパーツなどに使っても良いでしょう。

角をアレンジした場合

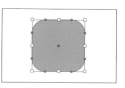

［角丸長方形ツール］を使うと、始めから［角丸の半径］が設定された長方形を描けます。

円を描いて扇形にする

1 ツールバーで［楕円形ツール］に切り替え、アートボード上をドラッグして好きな大きさの円を描きます。[Shift] キー＋ドラッグすると、半径が固定された正円が描けます。円形のオブジェクトを選択したまま、「プロパティパネル」で［線］と［塗り］のカラーを自由に設定します。

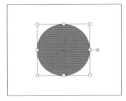

（作例の設定）
幅：20mm
高さ：20mm
塗りのカラー：M80

2 オブジェクトの選択中、バウンディングボックスに表示されている二重丸のウィジェットをドラッグすると、円形から扇形を作成できます。自由にドラッグして調整しましょう。

ドラッグで角度を変えられる

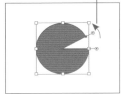
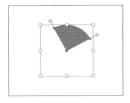

円形を選択した状態で、「プロパティパネル」から［詳細オプション］のパネルを表示して、［扇形の開始角度］と［扇形の終了角度］を設定すると、角度を正確に指定できます。

三角形を描く

1 ツールバーで［多角形ツール］に切り替え、アートボード上をドラッグして、好きな大きさで多角形を描きます。デフォルトでは六角形が描かれます。[Shift] キー＋ドラッグすると、多角形の角度が水平・垂直に固定されます。

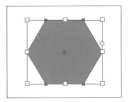

（作例の設定）
多角形の半径：10mm
　（幅：20mm／高さ：17.321mm）
塗りのカラー：C70／Y30

2 バウンディングボックスに表示されているひし形のウィジェットを上下にドラッグして、［辺の数］を「3」に変更すると三角形になります。

上下させると辺の数が変わる

辺の数：3

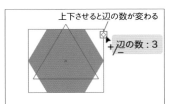
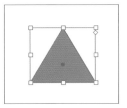

ウィジェットのドラッグで設定できる［辺の数］は 3 〜 11 までです。12 以上にしたい場合は「プロパティパネル」から［詳細オプション］のパネルを表示して、［多角形の辺の数］を設定します。

図形の大きさや角度を変更する

[選択ツール]でオブジェクトをクリックして選択しているとき、周囲に表示される四角形のボックスをバウンディングボックスと呼びます。大きさを変更するには、上下左右・四隅のハンドルをドラッグします。角度を変更するには、ハンドルにカーソルを近づけてドラッグします。

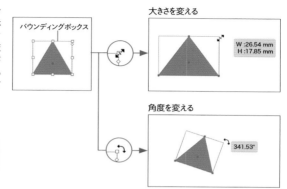

バウンディングボックス

大きさを変える

W :26.54 mm
H :17.85 mm

角度を変える

341.53°

バウンディングボックスで大きさを変える場合、[Shift]キー＋ドラッグすると、縦と横の比率を保つことができます。同様に、角度を変える場合は45°単位で角度を変更できます。

決まった大きさで図形を描く

ツールバーで[長方形ツール]などに切り替えて、アートボード上をクリックすると、ダイアログが表示されます。[幅]や[高さ]などを入力して[OK]をクリックすると、クリック位置（図形の左上）から、正確な数値でオブジェクトが作成できます。
[楕円形ツール]や[直線ツール]など他の図形の場合も、同様の操作が可能です。

長方形

幅：40 mm
高さ：20 mm

キャンセル　OK

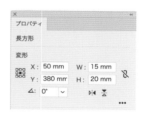

プロパティ

長方形

変形

X：50 mm　W：15 mm
Y：380 mm　H：20 mm

⊿：0°

「プロパティパネル」の［変形］でも、オブジェクトの大きさを正確に整えることができます。オブジェクトを選択した状態で、[W]（幅）や[H]（高さ）に数値を入力して変更します。

Point

手軽に角を丸くする

オブジェクトの角に表示されるコーナーウィジェットを[ダイレクト選択ツール]でドラッグすると、ドラッグ操作に応じて角が丸くなります。ウィジェットのダブルクリックで表示できるダイアログでは、コーナーの種類の切り替えや、半径の数値指定も可能です。オブジェクトの選択時にウィジェットが表示されていない場合は、[表示]メニュー→[コーナーウィジェットを表示]で切り替えましょう。

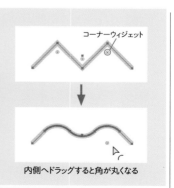

コーナーウィジェット

内側へドラッグすると角が丸くなる

LESSOn
03

Dusty color

Fluorescent color

好きな色を作りたい

上品な雰囲気のくすみカラーや元気でインパクトのある蛍光色など、
色の印象を調整するには HSB スライダーが便利です。
色の三属性の関係性をおさえて、直感的な色作りに挑戦してみましょう。

※ここでは、RGB ドキュメントでのカラー値や見え方を解説しています。印刷工程にお
ける特色の設定解説ではありません。また、本書は CMYK カラーで印刷されているため、
同じカラー値でも実際のディスプレイと色味が大きく異なる可能性があります。

［ RGB のドキュメントでカラーを作成する ］

Web 用途など、ディスプレイで表示するグラフィックではカラーモードに RGB を選択します。印刷用途の CMYK ドキュメントと比べると、RGB ドキュメントは表現できる色数が多く、色に関する制約が少ないのが特徴です。

1 まずは、より多くのカラーを扱える RGB のドキュメントを作成しましょう。［ファイル］メニュー→［新規］で「新規ドキュメント」ダイアログを表示します。［Web］または［アートとイラスト］タブから作業しやすい大きさのドキュメントプロファイルを選択しましょう。［詳細オプション］で［カラーモード：RGB］が設定されているのを確認して、［作成］をクリックします。

クリックで展開

2 ［長方形ツール］などで自由にかたちを作り、カラーを適用するオブジェクトを用意します。オブジェクトを選択している状態で、「プロパティパネル」の［アピアランス］で［線］または［塗り］のサムネイルをクリックします。［カラー］パネルのパネルメニューから［HSB］に切り替えます。

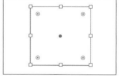

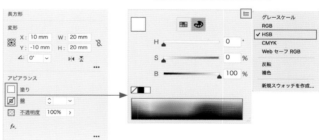

Point

色の三属性

［H］は色相（Hue）、［S］は彩度（Saturation）、［B］は明度（Brightness）を表しています。この 3 つは「色の三属性」と呼ばれるものです。［H］は赤・青・緑などの色味、［S］は色の鮮やかさを決める値です。［B］は明るさで、0%に近づくほど色が黒に近づきます。

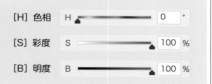

● くすみカラーを作る

HSB のカラースライダーでは、赤系や青系などの色味を先に決めてからトーンを調整するのがおすすめです。[S] を 50% ほど、[B] を 100% にして [H] のスライダーを動かして色味を決めます。[S] を 10 ～ 40% ほど、[B] を 70 ～ 90% ほどで組み合わせると、程よくくすんだカラーを作成できます。

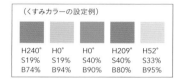

（くすみカラーの設定例）

H240°	H0°	H0°	H209°	H52°
S19%	S19%	S40%	S40%	S33%
B74%	B94%	B90%	B80%	B95%

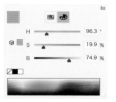

色味を決める

調整する

（作例の設定）
塗りのカラー：H96 ／ S19 ／ B74
＊内部での丸め誤差により、「カラーパネル」での設定値には端数が表示されることがあります。

● 蛍光色を作る

蛍光色もくすみカラーと同様に、HSB のカラースライダーではじめに色味を決めましょう。[S] を 50% ほど、[B] を 100% にして [H] の値を設定します。[S] の値で色の強さを自由に調整して、[B] を 95 ～ 100% ほどにすると蛍光色を作成できます。

（蛍光色の設定例）

H303°	H58°	H196°	H257°	H43°
S45%	S76%	S69%	S27%	S80%
B100%	B100%	B100%	B100%	B100%

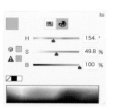

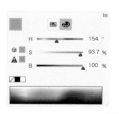

色味を決める

調整する

（作例の設定）
塗りのカラー：H154 ／ S 93 ／ B 100

CMYK のドキュメントでくすみカラーを作る

1 チラシやポスターなど印刷用途のデータでは、[カラーモード：CMYK]にする必要があります。[ファイル]メニュー→[新規]で「新規ドキュメント」ダイアログを表示して、[印刷]タブからプロファイルを選択すると、デフォルトで[カラーモード：CMYK]が設定されたドキュメントを作成できます。

クリックで展開

2 カラーを指定するオブジェクトを選択して、「プロパティパネル」で[カラー]パネルを表示し、パネルメニューから[CMYK]に切り替えます。

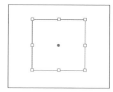

3 CMYK のスライダーでは、印刷で使用する4色のインキの量を指定して色を作ります。絵の具を混ぜるような感覚で、[C][M][Y]のうち1つまたは2つのインキに数値を指定して色味を決めます。3つのうち使っていないインキに5〜20%ほど数値を足すと、色が濁ってくすみカラーを作成できます。

色味を決める

調整する

Point

印刷物での蛍光色の使用について

印刷物で蛍光色を表現するには、対応した特色インキを使う必要があります。CMYK のドキュメントで HSB のカラースライダーを使って蛍光色を指定しても、CMYK4色のインキでは再現できません。また、トラブルの原因になることもあるため、必ず CMYK のカラースライダーで色を指定しましょう。
右の図は、CMYK のドキュメントで蛍光色を作成した例です。CMYK で再現できない色味のときは、スライダーの左側に色域外警告のアイコンが表示されます。

LESSON 04 ゴールドやシルバーを再現したい

金属風の表現はグラデーションで作成します。色数を増やしすぎず、明度・彩度の差を控えめにすると、品良く落ち着いた印象になります。

［ ゴールドのグラデーションを作る ］

1
［ウィンドウ］メニュー→［グラデーション］をクリックして、「グラデーションパネル」を表示します。
［長方形ツール］などで自由に作成したオブジェクトを選択して、「グラデーションパネル」でグラデーションのサムネイルをクリックすると、塗りまたは線のカラーに適用されます。デフォルト設定は、白と黒の［線形グラデーション］です。

2
グラデーションスライダーのカラー分岐点をダブルクリックすると、カラーパネルが表示されます。2つのカラー分岐点に、それぞれ黄土色系のカラーを設定します。同じ色でも構いませんが、色味や濃さを変えて少し差をつけると品良く仕上がります。

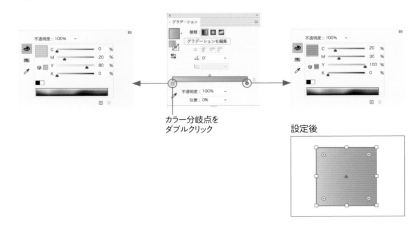

カラー分岐点を
ダブルクリック

設定後

3 金属らしく見せるため、ハイライトのカラーをグラデーションに追加します。グラデーションスライダーの下側をクリックして新たにカラー分岐点を1つ追加し、明るい黄色系のカラーを設定します。追加したカラー分岐点の［位置］は自由に設定して構いません。
カラー分岐点を削除する場合は、分岐点を選択した状態でグラデーションスライダー横の［分岐点を削除］をクリックします。

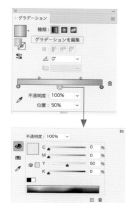

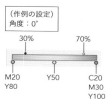

（作例の設定）
角度：0°

30%　　　　　　　70%

M20　　　Y50　　　C20
Y80　　　　　　　M30
　　　　　　　　　Y100

4 必要に応じて、グラデーションの［角度］を変更しましょう。グラデーションスライダーの上側にある中間点をドラッグすると、カラー分岐点からの色の広がり具合を調整できます。中間点をそれぞれ外側へ動かすと、ハイライト部分がふんわりとした印象になります。

（作例の設定）
角度：-45°

［ シルバーとコッパーを作る ］

ゴールドと同様の手順で、カラーパネルで色を選択する際にシルバーはグレー系の色味、コッパーは茶色系の色味でグラデーションを作ります。

シルバー

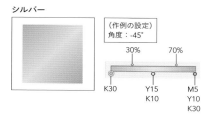

（作例の設定）
角度：-45°

30%　　　　　70%

K30　　　Y15　　　M5
　　　　　K10　　　Y10
　　　　　　　　　K30

コッパー

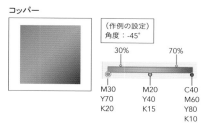

（作例の設定）
角度：-45°

30%　　　　　　70%

M30　　　M20　　　C40
Y70　　　Y40　　　M60
K20　　　K15　　　Y80
　　　　　　　　　K10

LESSON
05

···· 100% PURE ····

FRUIT
JUICE

透け透けにしたい

画像や図形など、オブジェクトが重なり合っているときは
［不透明度］や［描画モード］の設定を活用すると、
オブジェクトを透かす、背景となじませるなどの処理ができます。
パーツの印象を軽くしたり、全体に統一感を持たせたりと、
デザインのアクセントを作りたいときにも便利です。

不透明度を変えて透かす

1 オブジェクトが重なりあった
データを用意します。例では
画像を背景に、文字やイラス
トなどのパーツを組み合わせ
て配置しています。
ツールバーで［選択ツール］
に切り替え、透かせるオブジェ
クトを選択します。「プロパティ
パネル」の［アピアランス］で
［不透明度］の数値を下げる
と、オブジェクトが透けた状
態になります。

元の状態

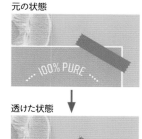

透けた状態

2 オブジェクトを透かしただけで
は違和感がある場合は、［描
画モード］でなじませましょう。
調整したいオブジェクトを選択
したまま「プロパティパネル」
の［不透明度］をクリックして
パネルを表示し、［描画モー
ド］を［通常］から［乗算］に切
り替えます。背面の色と掛け
合わされてなじんだ印象になり
ます。

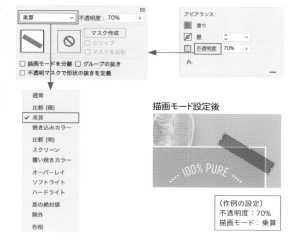

描画モード設定後

（作例の設定）
不透明度：70%
描画モード：乗算

Point

［乗算］の使い方

重ねた色どうしが合成されて暗い
カラーになるのが［乗算］です。
白いカラーは［乗算］を設定して
も結果が変わらず、白い部分が見
えなくなるので注意しましょう。

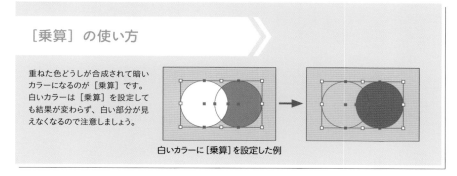

白いカラーに［乗算］を設定した例

グループを透かす

1　複数のオブジェクトでできているイラストなどは、最初にグループにまとめる必要があります。[選択ツール]でイラスト全体を選択して、「プロパティパネル」の[クイックメニュー]から[グループ]をクリックします。

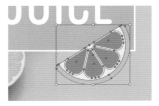

オブジェクトのグループ化は右クリックまたは control ＋クリックで表示されるコンテキストメニューでも実行できます。頻繁に行う操作のため、command（Ctrl）＋ G のショートカットキーを使っても良いでしょう。
● グループについては P.154 を参照

2　グループを選択した状態で「プロパティパネル」から不透明度のパネルを表示して、[不透明度]を設定します。必要に応じて、[描画モード]も変更しましょう。

（作例の設定）
不透明度：50％
描画モード：通常

調整後

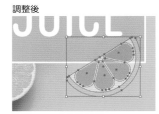

Point

描画モードの注意点

[描画モード]は重なり合うオブジェクトでカラーの合成を行う機能です。デザインのアクセントなどに利用できますが、CMYK と RGB のドキュメントでは色の表現のしくみが異なるため、同じ描画モードを使用しても結果が異なることがあります。描画モードを多用したドキュメントでは、安易にカラーモードを変更しないよう注意しましょう。

オレンジのイラストのグループに[不透明度：100％][描画モード：オーバーレイ]を設定した例

CMYK のドキュメントの場合

RGB のドキュメントの場合

塗りだけ透かす

1 線と塗りにカラーを設定しているオブジェクトを用意します。［選択ツール］で塗りのオブジェクトを選択して、「プロパティパネル」の［アピアランス］で［アピアランスパネルを開く］をクリックします。

アピアランスパネルを開く

2 オブジェクトを選択した状態で、「アピアランスパネル」で［塗り］の「>」をクリックして展開しましょう。展開した項目の中にある［不透明度］をクリックし、［不透明度］と［描画モード］を設定します。
これで塗りのカラーだけが透けた状態になります。

クリックで
展開

調整後

（作例の設定）
塗り項目のみ
不透明度：70%
描画モード：乗算

Point

「アピアランスパネル」での設定

「アピアランスパネル」では、［線］と［塗り］の項目ごとに不透明度などを設定できます。図は、［線］と［塗り］に異なる不透明度、描画モードを設定した例です。オブジェクト全体の不透明度は、一番下の［不透明度］で設定します。

［線］と［塗り］を個別で設定

全体を一括で設定

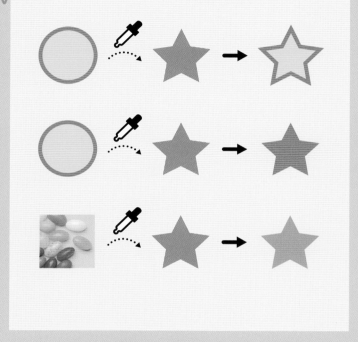

この色を使いたい

作成した図形に他のオブジェクトと同じカラーを使いたいときには、
［スポイトツール］を活用します。
他の図形や画像からカラーを抽出できる便利な機能です。
なお、ここでは「スポイトツールオプション」が
デフォルト設定の状態で解説します。

オブジェクトの見た目をまるごと抽出する

カラーを変えたいオブジェクト

クリック

1 カラーを変えたいオブジェクトを［選択ツール］で選択したまま、ツールバーで［スポイトツール］に切り替えます。

2 抽出したいカラーが設定されているオブジェクトをクリックします。選択中のオブジェクトに、カラーなどの設定がまるごと適用されます。

塗りまたは線のカラーだけ抽出する

［スポイトツール］では、カラーだけでなく線幅や不透明度の設定なども抽出・適用できます。

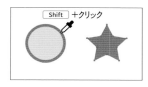
Shift ＋クリック

1 カラーを変えたいオブジェクトを［選択ツール］で選択したまま、ツールバーで［スポイトツール］に切り替えます。

2 抽出したいカラーが設定されているオブジェクトの塗りの部分（または線の上）を Shift キー＋クリックします。選択中のオブジェクトの塗り（または線）に対して、抽出したカラーが適用されます。

画像からカラーを抽出する

1 カラーを変えたいオブジェクトを［選択ツール］で選択し、［スポイトツール］で配置された画像の上をクリックします。

2 選択中のオブジェクトの塗りまたは線に対して、クリックした位置のカラーが適用されます。

Point

塗りと線の切り替え

選択中のオブジェクトの塗りと線、どちらの属性にカラーが適用されるかは、ツールバー下側のカラーのサムネイルで確認できます。［スポイトツール］でのクリック時は、前面に表示されている属性にカラーが適用されます。塗りと線を切り替えたいときは X キーを押します。

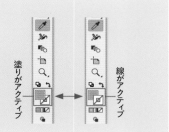
塗りがアクティブ　線がアクティブ

ふにゃっと切り返しを
作りたい

クリックだけで曲線を描ける［曲線ツール］では、
やわらかいラインのオブジェクトをかんたんに作成できます。
デザインパーツや画像のマスクオブジェクトなどに活用して、
レイアウトを楽しい雰囲気にしてみましょう。
ここでは、基本的な線やかたちの描き方を紹介します。

クリックで好きなかたちの曲線を作る

1 ツールバーから [曲線ツール] に切り替えます。アートボード上を何回かクリックしていくと、打ったポイントをつなぐように曲線のパスが描かれます。

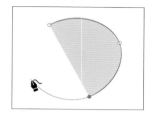

2 そのままクリックを繰り返し、曲線でかたちを作ります。描き始めと同じ位置をクリックすると、パスが閉じられます。

最後に打ったポイントから現在のカーソルの位置まで伸びている曲線のプレビューを「ラバーバンド」と呼びます。

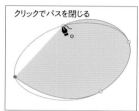

クリックでパスを閉じる

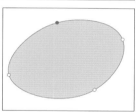

3 描いたオブジェクトが選択された状態で、「プロパティパネル」の [アピアランス] から [線] または [塗り] に好きなカラーを適用しましょう。

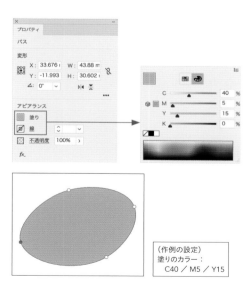

（作例の設定）
塗りのカラー：
C40 ／ M5 ／ Y15

曲線を調整する

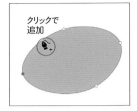

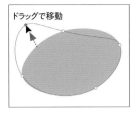

1 ［曲線ツール］では、パス上のクリックでポイントを追加、ドラッグでポイントを移動できます。

［楕円形ツール］など、その他のツールで描いたオブジェクトも［曲線ツール］でかたちを調整できます。

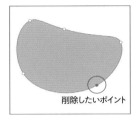

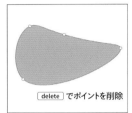

2 ポイントを削除したいときは、［曲線ツール］でクリックして選択状態にしてから delete キーを押します。パスは描いたあとでもかたちを自由に変更できます。全体がなめらかなラインでつながるように、ポイントを増やしたり減らしたり、動かしたりして調整しましょう。

オープンパスを描く

［曲線ツール］でパスを閉じずに描画を終了したいときは、終了したい位置にポイントを追加したところで esc キーを押します。線のパーツを描きたいときに便利な操作です。ラバーバンドの表示が消えるので、そのまま別のパスの描画を始めることもできます。

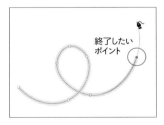

直線を描く

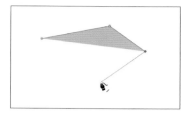

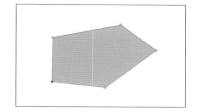

1 ［曲線ツール］で直線を描きたいときは、[option] キー＋クリックします。

2 パスを閉じるときも直線にしたい場合は、[option] キーを押さずにクリックします。

Point

コーナーポイント・スムーズポイントを切り替える

すでに作成したポイントを［曲線ツール］でダブルクリックすると、コーナーポイントとスムーズポイントを切り替えることができます。曲線から直線、または直線から曲線に変更したいときに便利です。
直線にするには、直線のポイント（コーナーポイント）どうしでパスをつなぐ必要があります。ポイントを切り替えても直線にならないときは、ポイントの状態を確認しましょう。

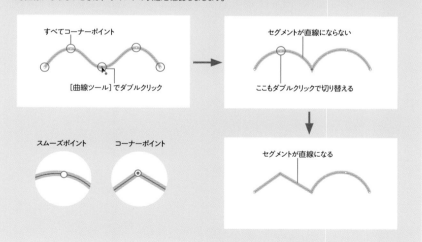

アイコンを作りたい

シンプルなアイコンは、基本図形の組み合わせでも作成できます。
ここでは六角形を使った
宝石のイラストアイコンの作り方を紹介します。
［パスファインダー］を使った処理やパスの［平均］などを
活用してチャレンジしましょう。

1

ツールバーで［多角形ツール］
に切り替え、アートボード上
を Shift キー＋ドラッグして
正六角形を描きます。オブジェ
クトを選択したまま、「プロパ
ティパネル」の［アピアランス］
で線に作業のしやすいカラー
を設定します。

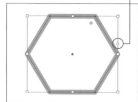

辺の数を変更できるウィジェット

（作例の設定）
多角形の半径：20mm
辺の数：6
線幅：6pt

図形が六角形以外になった場合
は、バウンディングボックス上の
ウィジェットをドラッグして［辺の
数：6］にします。

2

作業を進める前に、スマート
ガイドをオンにします。［選択
ツール］に切り替え、六角形
を選択した状態で六角形の中
心を option （ Alt ）キー＋ド
ラッグして、六角形の右側の
頂点でスナップする位置へ複製
します。

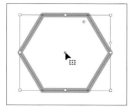
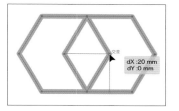

スマートガイドとは、オブジェクトの変形や整列の際に一時的に表示されるガイドのこと
です。 command （ Ctrl ）＋ U のショートカットキーを押すたびに表示・非表示が切り
替わります。［表示］メニュー→［スマートガイド］でも切り替えられます。

3

複製された六角形を選択した
まま command （ Ctrl ）＋ D
のショートカットキーを2回押
すと、直前に行った移動・複
製が2回繰り返されます。

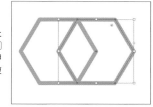

command （ Ctrl ）＋ D のショー
トカットキーは［変形の繰り返し］
のショートカットで、移動や拡
大・縮小、回転など、直前に行っ
た変形を繰り返すことができます。
［オブジェクト］メニュー→［変
形］→［変形の繰り返し］でも
実行できます。

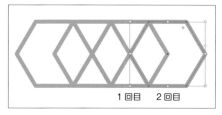

1回目　2回目

4

［直線ツール］に切り替え、
Shift キー＋ドラッグで水平
な直線を作成します。スマー
トガイドを使って、六角形の
中心で揃う位置に描き足しま
しょう。直線の長さはパーツ
全体の幅より大きくなるように
します。

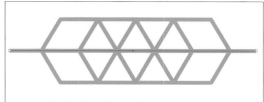

5

[選択ツール]に切り替えてオブジェクト全体をドラッグして、選択します。「プロパティパネル」の[パスファインダー]から[詳細オプション]をクリックしてパネルを表示し、[パスファインダー：分割]をクリックします。パスで囲まれた部分がバラバラのパーツに分割されます。

[選択ツール]で2つ以上のオブジェクトを選択する場合は、オブジェクトが含まれるようにドラッグします。あるいは、[Shift]キー＋クリックでも選択するオブジェクトを追加できます。

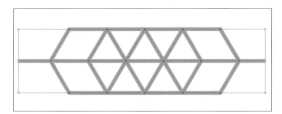

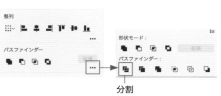

分割

6

[分割]の実行後は、全体がひとつのグループになります。そのまま「プロパティパネル」の[クイック操作]で[グループ解除]をクリックします。

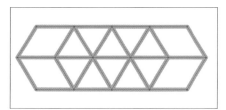

7

図を参考に、分割されたパーツの中から不要なものを[選択ツール]で選択し、[delete]（[Back space]）キーで削除します。

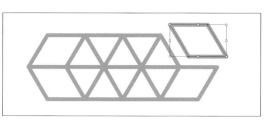

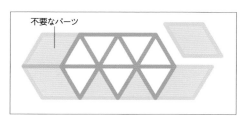

不要なパーツ

削除後

8

ツールバーで［ダイレクト選択
ツール］に切り替え、ドラッグ
してパーツの下側のアンカーポ
イントを選択します。

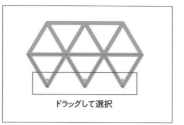

ドラッグして選択

9

［オブジェクト］メニュー→［パ
ス］→［平均］を実行します。「平
均」ダイアログで［2 軸とも］
を選択して［OK］をクリックし
ましょう。

平均

平均の方法
○ 水平軸
○ 垂直軸
● 2 軸とも

（キャンセル）　（OK）

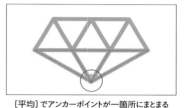

［平均］でアンカーポイントが一箇所にまとまる

10

［選択ツール］に切り替え、下
側のパーツ 3 つを選択します。
バウンディングボックスを使っ
て全体のバランスを整えます。

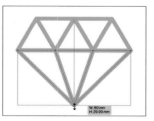

11

これでアイコンのイラストは完
成です。パーツごとに塗りの力
ラーを変えたり、線と組み合わ
せたり、自由にアレンジを楽し
みましょう。

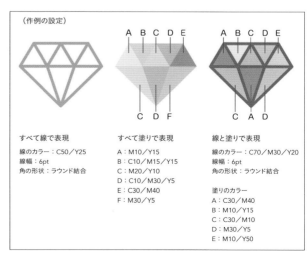

（作例の設定）

A B C D E

C D F

A B C D E

C A D

すべて線で表現

線のカラー：C50／Y25
線幅：6pt
角の形状：ラウンド結合

すべて塗りで表現

A：M10／Y15
B：C10／M15／Y15
C：M20／Y10
D：C10／M30／Y5
E：C30／M40
F：M30／Y5

線と塗りで表現

線のカラー：C70／M30／Y20
線幅：6pt
角の形状：ラウンド結合

塗りのカラー
A：C30／M40
B：M10／Y15
C：C30／M10
D：M30／Y5
E：M10／Y50

同じものを
たくさん作りたい

同じかたちのアイコンやイラストパーツをたくさん配置するときは、
単純なコピー＆ペーストよりもシンボル機能を活用しましょう。
まとめて更新・差し替えができるほか、
データが軽くなるメリットもあります。

パーツをシンボルにして配置する

1 イラストやアイコンなど、繰り返し配置したい素材を用意します。複数のパーツでできているものは、ひとつのグループにまとめましょう。[選択ツール]などで全体を選び、「プロパティパネル」の[クイック操作]で[シンボルとして保存]をクリックします。

[シンボルとして保存]が表示されない場合は、[ウインドウ]メニュー→[シンボル]で「シンボルパネル」を表示して、[新規シンボル]をクリックします。

2 「シンボルオプション」ダイアログで[シンボルの種類]を[スタティックシンボル]にして[OK]をクリックします。

[ダイナミックシンボル]はパーツごとにアピアランスを編集できますが、しくみを理解せずに扱うとトラブルの原因になり得ます。
● シンボルの扱いについては P.120 を参照

3 選択していたオブジェクトはシンボルインスタンスに変換されています。インスタンスを選択して、必要な場所へ複製しましょう。[command]([Ctrl])+[C]、[command]([Ctrl])+[V]のショートカットキーでコピー＆ペーストするか、[選択ツール]などで[option]([Alt])キー＋ドラッグして複製します。

4 シンボルインスタンスはまとめて更新できます。[選択ツール]でインスタンスをひとつ選択し、「プロパティパネル」の[クイック操作]で[シンボルを編集]をクリックして、シンボル編集モードに切り替えます。色やかたち、パーツの追加などを行ってから[esc]キーを押して編集モードを終了します。これでシンボルインスタンスがすべて更新され、修正をもれなく反映することができます。

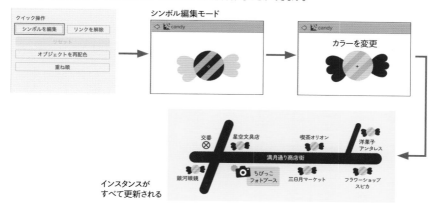

斬新なブロッキングを したい

レイアウトの背景などに使えそうなブロッキングのパーツです。
定番のパスファインダー処理を理解しておくと、
シンプルな図形の組み合わせからかんたんに作成できます。
手順を応用して、ポリゴン風のパーツも作ってみましょう。

図形を線で分割する

1 ツールバーで［長方形ツール］に切り替え、長方形を描きます。［楕円形ツール］に切り替えて shift キー＋ドラッグし、長方形におさまる大きさの正円を描きます。それぞれ塗りのカラーを設定して見やすい状態にしましょう。

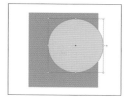

2 ［選択ツール］に切り替えて長方形と正円を選択し、「プロパティパネル」の［整列］で［水平方向中央に整列］と［垂直方向中央に整列］をクリックして、中心で揃えます。

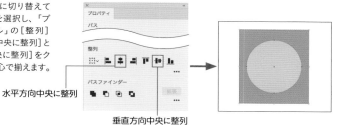

水平方向中央に整列

垂直方向中央に整列

3 ［直線ツール］に切り替えて、長方形と正円に重なるように直線を描きます。長方形から少しはみ出る程度の長さにしましょう。

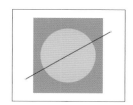

4 ［選択ツール］で全体を選択し、「プロパティパネル」の［パスファインダー］で［詳細オプション］をクリックします。表示されたパネルで［パスファインダー：分割］をクリックします。

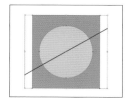

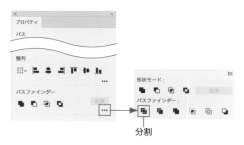

分割

43

5 ［分割］の実行後は、バラバラになったパーツがグループとしてまとめられます。［ダイレクト選択ツール］に切り替えて、パーツを個別に選択し、塗りのカラーを自由に変更します。これで、ブロッキング風のデザインパーツの完成です。

［分割］実行後

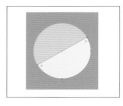

［ダイレクト選択ツール］はアンカーポイントやセグメントなど、パスの細かい部分を選択するためのツールですが、塗りの部分をクリックするとオブジェクト全体を選択できます。

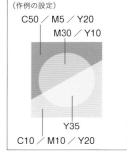

（作例の設定）

C50 ／ M5 ／ Y20

M30 ／ Y10

Y35

C10 ／ M10 ／ Y20

ポリゴン風のパーツを作る

1 ブロッキングの応用で、ポリゴン風のパーツを作成します。［長方形ツール］でドラッグして長方形を描き、塗りにカラーを設定します。［直線ツール］に切り替えて、長方形をカットする感覚で線を描きましょう。仕上がりをイメージしながら、何本か配置します。

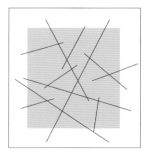

2 ［選択ツール］に切り替えて全体を選択し、「プロパティパネル」の［パスファインダー］の［詳細オプション］から［パスファインダー：分割］をクリックして実行します。

［分割］実行後

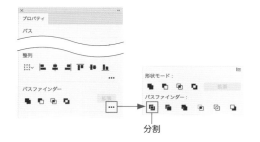

分割

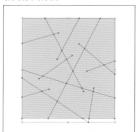

3 [選択ツール] でオブジェクト以外をクリックして選択をいったん解除します。もう一度 [選択ツール] で全体を選択し、「プロパティパネル」の [パスファインダー] の [詳細オプション] から [パスファインダー：刈り込み] を実行します。

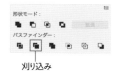

刈り込み

「プロパティパネル」の [詳細オプション] ではなく、「パスファインダーパネル」で作業する場合は、パスファインダー処理を連続で実行できます。そのため、オブジェクトを選択し直す手順は不要です。

[刈り込み] 実行後

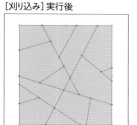

4 線で囲まれた部分でオブジェクトがバラバラになり、全体がグループにまとめられます。[ダイレクト選択ツール] に切り替え、パーツを個別に選択し、塗りのカラーを自由に設定して仕上げましょう。

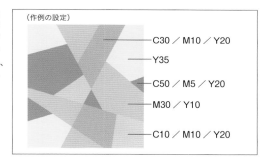

（作例の設定）

— C30 ／ M10 ／ Y20
— Y35
— C50 ／ M5 ／ Y20
— M30 ／ Y10
— C10 ／ M10 ／ Y20

Point

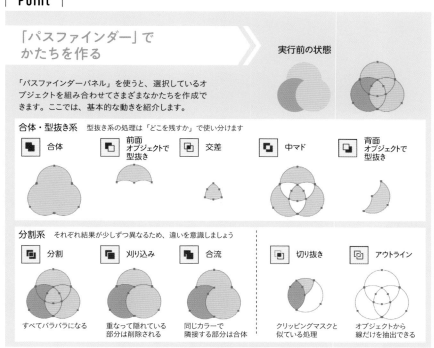

「パスファインダー」でかたちを作る

実行前の状態

「パスファインダーパネル」を使うと、選択しているオブジェクトを組み合わせてさまざまなかたちを作成できます。ここでは、基本的な動きを紹介します。

合体・型抜き系 型抜き系の処理は「どこを残すか」で使い分けます

合体　｜　前面オブジェクトで型抜き　｜　交差　｜　中マド　｜　背面オブジェクトで型抜き

分割系 それぞれ結果が少しずつ異なるため、違いを意識しましょう

分割　｜　刈り込み　｜　合流　｜　切り抜き　｜　アウトライン

すべてバラバラになる　｜　重なって隠れている部分は削除される　｜　同じカラーで隣接する部分は合体　｜　クリッピングマスクと似ている処理　｜　オブジェクトから線だけを抽出できる

線の質感を変えたい

手書き風の抑揚のある線や、ざらっとした質感の線など、
描いた線にブラシを組み合わせると、
線の雰囲気を大きくアレンジできます。
ブラシは設定を自作するほか、
デフォルトのブラシライブラリを活用するのもおすすめです。

マーカー風のカリグラフィブラシを作る

1

［ウインドウ］メニュー→［ブラシ］を
クリックして、「ブラシパネル」を表示
します。［新規ブラシ］をクリックして、
「新規ブラシ」ダイアログで［カリグ
ラフィブラシ］を選択し、［OK］をクリッ
クします。

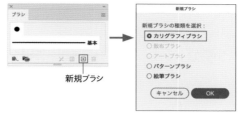

新規ブラシ

2

表示される「カリグラフィブラシオプ
ション」ダイアログで、わかりやすい
名前を入力して、それぞれの値を設定
し、［OK］をクリックします。ここでは
右の図のような設定でブラシを作成し
ています。

設定例

・角度：20°／固定
・真円率：70%／固定
・直径：1pt／固定

カリグラフィとはペンなどを使って美しい文字を書くための
技法で、カリグラフィブラシは名前の通り、カリグラフィ
風の線を描くためのブラシです。角度や真円率の設定によ
り、メリハリの効いた線を描けます。

3

［ブラシツール］に切り替え、「ブラシ
パネル」で作成したブラシのサムネイ
ルをクリックして、アートボード上をド
ラッグします。ブラシが適用された状
態で自由に線を描いて、イラストなど
を作成しましょう。線に対してカラー
や線幅を設定することもできます。

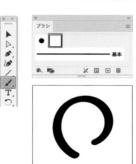

マーカー風のカリグラフィブラシ

通常の線と同じように
カラーを設定できる

Point

線を滑らかにする

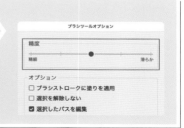

［ブラシツール］で描いた線が滑らかでなく、ガタツキが気になる
場合があります。ツールパネルで［ブラシツール］のアイコンをダ
ブルクリックして表示される「ブラシツールオプション」ダイアロ
グで、［精度］のスライダーを［滑らか］側に変更してみましょう。

［ ざらっとしたブラシを使ってみる ］

1

デフォルトのブラシライブラリを活用してみましょう。「ブラシパネル」で［ブラシライブラリメニュー］をクリックして、好きなブラシライブラリを選択します。ここでは、［アート］ →［アート_ペイントブラシ］をクリックします。

2

「アート_ペイントブラシパネル」で好きな設定のブラシをクリックすると、「ブラシパネル」に読み込まれます。オブジェクトを選択して、「ブラシパネル」でブラシをクリックして適用しましょう。ブラシの設定は、［ペンツール］など他のツールで描いたオブジェクトにも、あとから自由に適用・変更できます。

クリックで読み込み　　　　読み込まれたブラシ

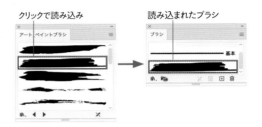

ブラシを適用

Point

ブラシライブラリを活用する

「ブラシパネル」の［ブラシライブラリメニュー］には、その他にも多数のブラシが収録されています。ざらっとした質感を表現したいときは、［アート_木炭・鉛筆］、［グランジブラシベクトルパック］などのブラシも便利です。

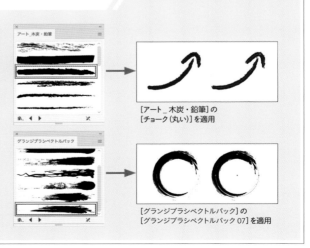

［アート_木炭・鉛筆］の［チョーク（丸い）］を適用

［グランジブラシベクトルパック］の［グランジブラシベクトルパック07］を適用

Point

5 種類のブラシ

Illustrator では、全部で 5 種類のブラシを作成・利用できます。自分で用意したオブジェクトを登録して作成するブラシと、数値の設定のみで作成できるブラシの 2 つに分けられます。いずれも、すでに描いた線に対してブラシを適用する、または［ブラシツール］でブラシを設定した状態で線を描いて使う点は同じです。

オブジェクトを登録して
作るブラシ

数値を設定して
作るブラシ

5 種類のブラシにはそれぞれ特徴があり、得意な表現が異なります。デフォルトのブラシライブラリには 5 種類のブラシすべてが収録されていますので、まずはそれらを活用するところから始めましょう。操作に慣れてきたと感じたら、自分でブラシを作るのもおすすめです。イラストやレイアウト作成などで表現の幅を大きく広げることができます。

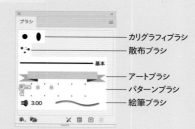

カリグラフィブラシ
散布ブラシ
基本
アートブラシ
パターンブラシ
絵筆ブラシ

・カリグラフィブラシ
抑揚のある線を描く

・散布ブラシ
ストロークに沿ってオブジェクトをばらまく

・アートブラシ
ストロークに沿って
オブジェクトを伸ばす

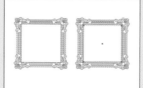

・パターンブラシ
ストロークに沿って
オブジェクトを繰り返す

・絵筆ブラシ
筆で描いたような質感の線を描く

素材を活用したい

有償または無償で利用できる素材は、イラストパーツやパターン・ブラシなど種類もさまざまです。目的に応じて適切に扱えるようポイントをおさえましょう。

大きさを変えるときの注意点

線画のイラストパーツを拡大・縮小するとき、設定の［線幅と効果を拡大・縮小］がオンかオフかによって結果が異なることがあります。ここではその違いを確認していきましょう。

［線幅と効果を拡大・縮小］は、オブジェクトを何も選択せず、［選択ツール］に切り替えているときに「プロパティパネル」の［環境設定］に表示されます。

［線幅と効果を拡大・縮小］は「変形パネル」のオプションや、変形処理を行うダイアログなど、複数箇所からオン・オフを変更できます。オン・オフはどこから設定しても連動し、切り替えない限り保持されるのが基本です。

［線幅と効果を拡大・縮小］がオフのとき、オブジェクトを拡大・縮小しても線幅は変わりません。縮小では細かい部分が潰れ、拡大では全体の密度が下がって印象が変わってしまうことがあります。
設定をオンに切り替えると、オブジェクトの拡大・縮小に応じて線幅も変わります。線画素材のバランスを変えたくないときは、オンで変形するのが良いでしょう。

［線幅と効果を拡大・縮小］オフ

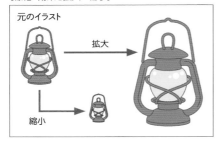

［線幅と効果を拡大・縮小］オン

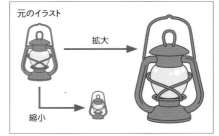

| Point |

変形の結果はしっかり確認しよう

[線幅と効果を拡大・縮小]では、線幅だけでなく、効果の設定値も変形の対象になります。オブジェクトの見た目に大きく影響する効果もあるので、結果を確認しながら変形しましょう。

また、[線幅と効果を拡大・縮小]をオンで縮小するときは、オブジェクトの線幅が細くなりすぎないように注意します。画像や印刷データの出力時にかすれてしまう可能性があるため、目安として 0.25pt 未満の線幅は避けましょう。

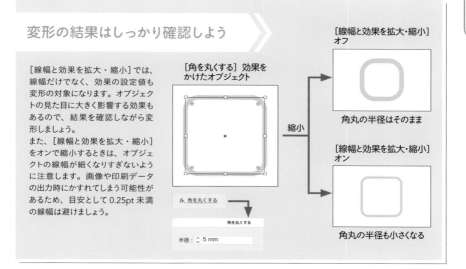

[角を丸くする]効果をかけたオブジェクト

縮小

[線幅と効果を拡大・縮小]オフ

角丸の半径はそのまま

[線幅と効果を拡大・縮小]オン

角丸の半径も小さくなる

fx. 角を丸くする

角を丸くする

半径: ○ 5 mm

[素材のカラーを確認する]

異なるドキュメント間でコピー&ペーストを使ってオブジェクトを配置する際は、ペースト後のカラー値に注意しましょう。特に気をつけたいのは、印刷用途の CMYK ドキュメントにペーストするときです。

印刷用のデータで避けたい色には、以下のようなものがあります。いずれも印刷工程でトラブルの原因になる可能性があるため、イラストやデザインで使うのは避けましょう。

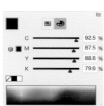

・掛け合わせのブラック
RGB のドキュメントから素材をペーストすると生成されやすいカラー。特別な印刷表現を行う場合を除き、黒い部分は K100 に整える

・レジストレーション
トリムマーク（トンボ）専用のカラー。「スウォッチパネル」から指定できるが、基本的に使わないようにする

・濃すぎるカラー
CMYK の合計値が 250% 〜 370% を超えるようなカラーは避ける。最大値は印刷仕様によって幅があるため事前に確認する

入れ子になったグループや、入り組んだデザインのデータから必要なパーツだけ取り出すときは、[グループ選択ツール]や[なげなわツール]を活用しましょう。

[グループ選択ツール]では、グループに含まれたオブジェクト単体を確実に選択することができます。同じオブジェクトのクリックを繰り返すと、階層をひとつずつ上がるようにグループ全体が選択されます。

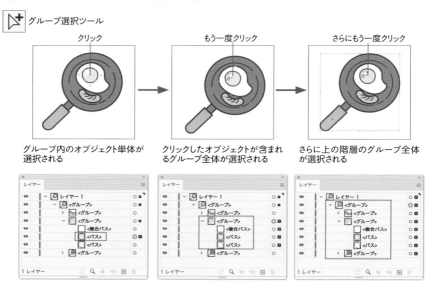

グループ選択ツール

クリック	もう一度クリック	さらにもう一度クリック
グループ内のオブジェクト単体が選択される	クリックしたオブジェクトが含まれるグループ全体が選択される	さらに上の階層のグループ全体が選択される

[なげなわツール]は、ドラッグで囲んだオブジェクトだけを選択できます。ドラッグ操作が終わるまで選択が実行されないため、背面に別のオブジェクトが重なっているときにも便利です。

なげなわツール

ドラッグ

オブジェクトの重ね順を調整する

オブジェクトの重ね順を正確に調整するときは、以下のような手順でカットとペーストを活用しましょう。

① ［選択ツール］で重ね順を変更したいオブジェクトを選択する
② command （Ctrl）＋ X のショートカットキーでカットする
③ 別のオブジェクトを選択する
④ command （Ctrl）＋ F のショートカットキーで［前面へペースト］すると、選択中のオブジェクトの前の面へ正確にペーストされる
⑤ 同様の手順で、command （Ctrl）＋ B のショートカットキーを使って［背面へペースト］した場合は、選択中のオブジェクトの後ろの面へペーストされる

①オブジェクトを選択する

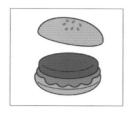

②カットする

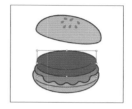

③別のオブジェクトを選択する

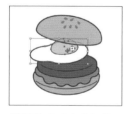

④選択していたオブジェクトの
　前面へペーストされる

⑤背面へペーストされる

Point

重ね順のショートカット

重ね順の変更は［オブジェクト］メニュー→［重ね順］またはショートカットでも実行できます。選択中のオブジェクトの重ね順をひとつずつ移動できますが、オブジェクトがいくつも重なっている場合は遠回りになることもあります。カットとペーストを使った方法も活用し、微調整に利用するのが良いでしょう。

メニュー コマンド	ショートカット
最前面へ	shift ＋ command （Ctrl）＋]
前面へ	command （Ctrl）＋]
背面へ	command （Ctrl）＋ [
最背面へ	shift ＋ command （Ctrl）＋ [

春のかおり
AB-kirigirisu Regular

COFFEE SHOP
Cheap Pine Regular

棘
黒薔薇ゴシック medium

海
Zen Maru Gothic

昭和レトロ

DNP 秀英アンチック
Std B

Halloween
ヒグミン

おしゃれなフォントを 使いたい

目立たせたいタイトルパーツや、しっかり読んでもらいたい文章など、
フォントは目的に合わせて適切に選ぶ必要があります。
ここでは、便利なフォントサービス「Adobe Fonts」の使い方を
おさえておきましょう。

Adobe Fonts でフォントをインストールする

1 「Adobe Fonts」とは、Illustrator などの Adobe 製品を有償で契約すると利用できるフォントサービスのことです。インターネット経由で豊富なフォントにアクセスすることができ、追加料金なしで利用可能です。
Illustrator からアクセスする場合は、[書式] メニュー→ [Adobe Fonts から追加] をクリックします。

2 Web ブラウザが起動して Adobe Fonts のフォント検索画面が表示されます。ログイン画面が表示された場合は、フォントを利用するユーザーの Adobe ID でログインしましょう。

表示される画面の例

Point

Adobe Fonts に アクセスする方法

Adobe Fonts にアクセスする方法は、Creative Cloud デスクトップアプリの [フォント] や、Illustrator の「文字パネル」の [さらに検索] タブなど、複数あります。また、Web ブラウザから検索などで Adobe Fonts（https://fonts.adobe.com/fonts）へアクセスした場合も、同じ手順でフォントを同期できます。

Creative Cloud デスクトップアプリ

クリックで Adobe Fonts の Web サイトへ

文字パネル

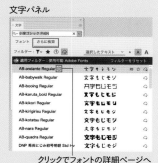

クリックでフォントの詳細ページへ

3 フォントの検索画面で自由にフォントを探しましょう。画面左側のエリアでフィルターを設定する、フォント名で検索するなどの方法で、目的に合ったフォントを探します。表示されたフォントのサムネイルをクリックすると、詳細ページに切り替わります。

この画面で［ファミリーを追加］をクリックしてもフォントをインストールできます。

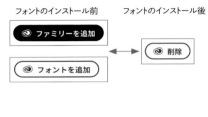

フォントのインストール前　　フォントのインストール後

4 使いたいフォントのページが表示されたら、［ファミリーを追加］、または個別のウエイトの［フォントを追加］をオンにします。フォントが環境にインストールされると、ボタンの表示が［削除］に切り替わります。通知が表示されたら、Illustrator などのアプリケーション上で使えるようになります。

フォントの太さのことを「ウエイト」、同じフォントで複数のウエイトをまとめたものを「ファミリー」と呼びます。ウエイト以外に、文字のかたちのバリエーションでファミリーが作られている場合もあります。

Point

Adobe Fonts のフォントを素早く探すには

Illustrator での作業中に Adobe Fonts のフォントを素早く探したいときは、フォントのプレビュー内にある［フィルター：アクティベートしたフォントを表示］をオンにしましょう。リストの表示が Adobe Fonts のみに絞られるので探しやすくなります。

アクティベートしたフォントを表示

フォント	さらに検索	
フィルター： ▼ ★ ⏱ ☁		選択したテキスト ∨ A A A
適用フィルター：使用可能な Adobe Fonts		フィルターをリセット
〜 Zen Maru Gothic (5)	海の見えるまち	☁
Light	海の見えるまち	☁
Regular	海の見えるまち	☁
Medium	海の見えるまち ≈	☁
Bold	**海の見えるまち**	☁
Black	**海の見えるまち**	☁
かぶらぎ SP2N L	海の見えるまち	☁
しっぽりアンチック Regular	海の見えるまち	☁
〉 せのびゴシック (3)	海の見えるまち	☁

5 アクティベートできたフォントを早速使ってみましょう。Illustratorでドキュメントを開いている状態で、ツールバーで［文字ツール］に切り替え、アートボード上をクリックして、自由にテキストを入力します。 esc キーを押すと文字の入力が終了し、［選択ツール］に切り替わります。

海の見えるまち

海の見えるまち

esc で文字の入力を終了

6 テキストオブジェクトが選択されている状態で、「プロパティパネル」の［文字］で［フォントファミリを設定］をクリックします。表示されたリストでアクティベートしたフォントを選択します。

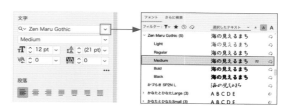

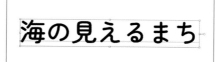

海の見えるまち

「プロパティパネル」の［文字］と［段落］では、フォント以外にも文字の大きさや文字揃えの方向など、テキストに関する基本的な設定ができます。

Point

ポイント文字とエリア内文字の使い分け

［文字ツール］でアートボード上をクリックすると「ポイント文字」、ドラッグすると「エリア内文字」のテキストオブジェクトを作成できます。ポイント文字は改行を入力しない限り折り返しされないので、タイトルや見出しなど、数行ほどの文章に利用します。エリア内文字はエリアの形に合わせてテキストが自動で折り返しされるため、長い文章に使うのが基本です。どちらも目的に応じて使い分けましょう。

山路を登りながら

ポイント文字

情に棹させば流される。智に働けば角が立つ。どこへ越しても住みにくいと悟った時、詩が生れて、

エリア内文字

LESSON
14

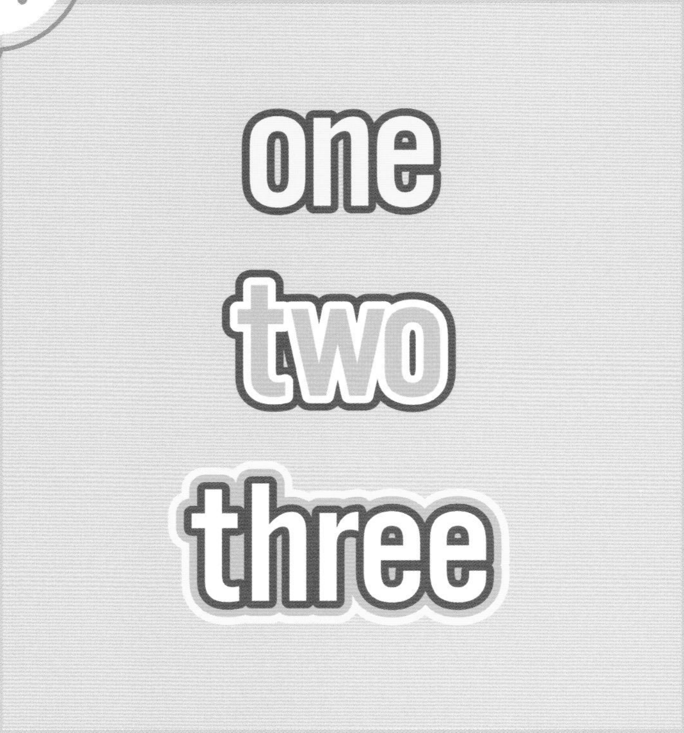

one
two
three

袋文字を作りたい

さまざまな文字の装飾の基本となる袋文字を作成します。
あとから修正や調整がしやすいように、
アピアランス機能を使って挑戦しましょう。
重ねる線の項目を増やすとインパクトのある袋文字になります。

［基本の袋文字を作る］

1 ツールバーで［文字ツール］に切り替え、アートボード上をクリックして文字を入力します。[esc] キーを押すとテキストオブジェクトとして選択された状態になるので、「プロパティパネル」の［文字］でフォントなどを自由に設定します。

（作例の設定）
フォントファミリ：Alternate Gothic No3 D（Adobe Fonts）
フォントスタイル：Regular
フォントサイズ：90pt

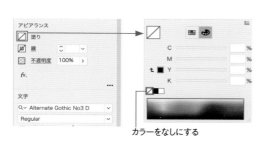

カラーをなしにする

[塗り] のカラーなし

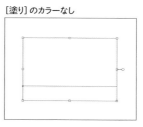

2 テキストオブジェクトの［塗り］には、デフォルトで黒いカラーが設定されています。テキストオブジェクトが選択された状態で「プロパティパネル」から［塗り］のカラーをなしにしましょう。テキストオブジェクトが見えなくなりますが、このまま作業を進めます。

Point

文字の縦・横の比率は 100% を保つ

文字の大きさを［選択ツール］のバウンディングボックスで変更する場合は、必ず [shift] キー＋ドラッグしましょう。目的がある場合を除き、文字の縦・横の比率は 100% を保つのが基本です。

キーを押さずにドラッグすると…　　［垂直比率］と［水平比率］のバランスが崩れてしまう

[shift] キー＋ドラッグすると…　　［垂直比率］と［水平比率］が 100% で保たれる

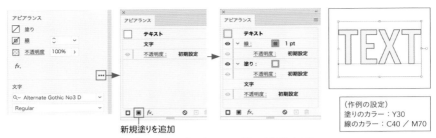

（作例の設定）
塗りのカラー：Y30
線のカラー：C40 ／ M70

新規塗りを追加

3 「プロパティパネル」の「アピアランス」で［アピアランスパネルを開く］をクリックしましょう。表示された「アピアランスパネル」で［新規塗りを追加］をクリックします。［塗り］と［線］の項目がひとつずつ追加されるので、それぞれに好きなカラーを設定します。

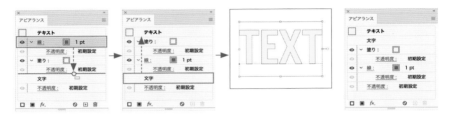

4 「アピアランスパネル」では、［不透明度］以外の項目はドラッグで順番を変更できます。［線］の項目をドラッグして［塗り］の下へ移動しましょう。さらに、［文字］の項目をドラッグして一番上に移動すると安心です。

「アピアランスパネル」では、［文字］の項目でも［線］・［塗り］のカラーを設定できますが、アピアランスの情報が階層化するため、テキストオブジェクトの状態を把握しにくくなります。
●テキストオブジェクトのアピアランスについては P.76 を参照

Point

「アピアランスパネル」で カラーを変えるには

「アピアランスパネル」では、カラーのサムネイルのクリックで「スウォッチパネル」、[Shift] キー＋クリックで「カラーパネル」を表示してカラーを編集できます。

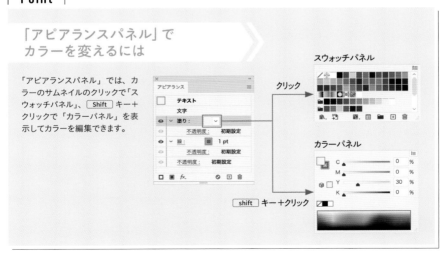

スウォッチパネル

クリック

カラーパネル

shift キー＋クリック

ラウンド結合

（作例の設定）
線幅：7pt
角の形状：ラウンド結合

5 ［線］をクリックして「線パネル」を表示します。文字全体のバランスを確認しながら［線幅］を設定し、[角の形状：ラウンド結合] に変更しましょう。これでベーシックな袋文字の完成です。

フチの数を増やす

ベーシックな袋文字から、フチの数を増やしてアレンジしてみましょう。袋文字のテキストオブジェクトを選択し、「アピアランスパネル」を表示します。［新規線を追加］をクリックし、追加された［線］の項目は、パネル上でドラッグして下へ移動しましょう。上に重なったフチよりも太くなるように［線幅］を設定し、線のカラーも変更します。

この手順を繰り返せば、好きな数だけフチをつけた多重袋文字を作成できます。

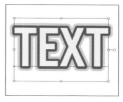

新規線を追加

（増やしたフチの部分の設定）
線のカラー：M30 ／ Y5
線幅：14pt
角の形状：ラウンド結合

Point

袋文字のトゲを予防しよう

袋文字を作成したとき、図のようなトゲが発生することがあります。これは、デフォルトで線に［角の形状：マイター結合］が設定されているのが原因です。この場合は［比率］を下げると解消できますが、適切な数値は文字の形によって変わります。確実なトゲ対策には［角の形状：ラウンド結合］を設定するのが良いでしょう。

［角の形状：マイター結合］設定

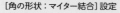

・使用フォント：
Rift（Adobe Fonts）

［角の形状：ラウンド結合］設定

LESSON 15

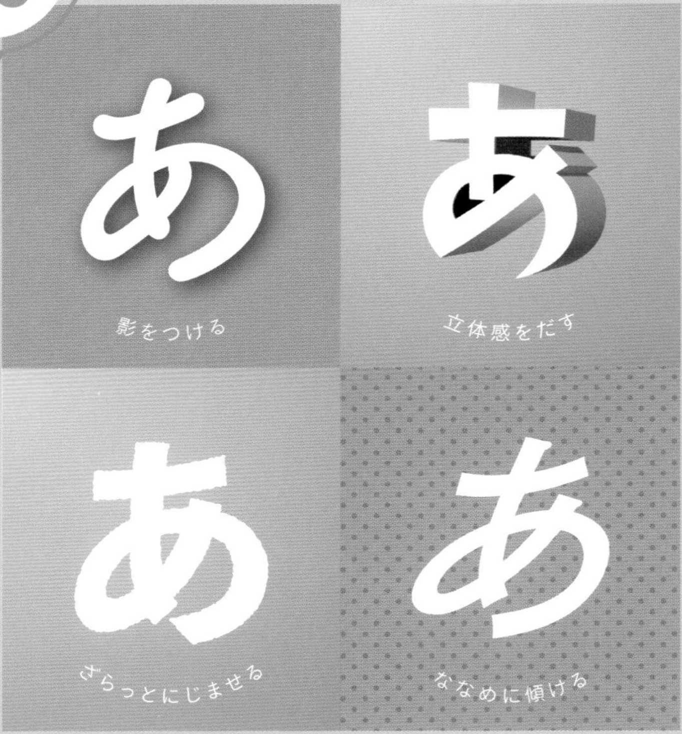

あ
影をつける
あ
立体感をだす
あ
さらっとにじませる
あ
ななめに傾ける

かんたんにできる文字加工の種類を知りたい

ここでは、作成したテキストオブジェクトに
効果をかけるだけでできる文字加工を紹介します。
影をつけたり立体化したり、にじませたりと、
文字を目立たせたいときに便利です。

〔 文字に影をつける 〕

1 ツールバーで［文字ツール］に切り替え、アートボード上をクリックして文字を入力します。[esc]キーを押して入力を終了し、「プロパティパネル」で文字のカラーやフォントなどを自由に設定します。

（作例の設定）
塗りのカラー：K10　　フォントファミリ：FOT- 筑紫 B 丸ゴシック Std
フォントスタイル：B　　フォントサイズ：65pt　文字間のカーニング：メトリクス

2 テキストオブジェクトが選択されている状態で、「プロパティパネル」の［アピアランス］で［効果を選択］をクリックし、［スタイライズ］→［ドロップシャドウ］を適用します。

ここでは「プロパティパネル」を使っていますが、［効果］メニューから効果を適用しても同じです。

3 「ドロップシャドウ」ダイアログが表示されたら、［プレビュー］をオンにして、影のつき方を確認しながら設定します。設定が済んだら［OK］をクリックして完成です。

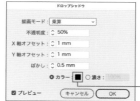

クリックでカラーを変更

デフォルトの黒い影が雰囲気に合わない場合は、「ドロップシャドウ」ダイアログの［カラー］を変更しましょう。「プロパティパネル」で［ドロップシャドウ］の項目をクリックすると設定を再編集できます。背景の同系色を少し濃い目にして設定すると、程よくまとまります。

描画モード：影の部分の描画モードです。［乗算］にすると背景となじみます。
不透明度：影の濃さを調整します。50% 前後にすると軽い印象に仕上がります。
X 軸・Y 軸オフセット：影の位置を決めます。
ぼかし：影のぼかし具合を決めます。数値を大きくするほど処理が重くなります。
カラー：影の色を決めます。カラーの変更は、サムネイルをクリックします。
濃さ：オブジェクトに設定されている色に黒を足して影の色を決める設定です。

カラースペクトル

デフォルトの黒い影　背景と同系色の影　クリックで効果を再編集

CMYK のドキュメントでは印刷に不向きな色を選ばないよう、カラーフィールドやカラースペクトルではなく数値でカラーを指定します。

カラーフィールド　　CMYK ドキュメントではここでカラーを指定する

文字に立体感をつける

1 ツールバーで［文字ツール］に切り替え、テキストオブジェクトを作成し、フォントなどを自由に設定します。テキストオブジェクトが選択されている状態で、「プロパティパネル」の［アピアランス］で［効果を選択］をクリックし、［3D とマテリアル］→［押し出しとベベル］を適用します。

（作例の設定）
塗りのカラー：M40／Y20
フォントファミリ：AB-kirigirisu Regular
フォントサイズ：130pt
文字間のカーニング：オプティカル
文字ツメ：30%

[オブジェクト] タブ

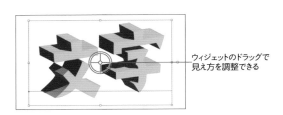

ウィジェットのドラッグで
見え方を調整できる

2 「3D とマテリアルパネル」が表示され、テキストオブジェクトが押し出しで立体化されます。［オブジェクト］タブで［奥行き］を設定したり、［回転］で好きな角度を入力して、見え方を自由に調整しましょう。中心のウィジェットを［選択ツール］でドラッグしても角度を変更できます。

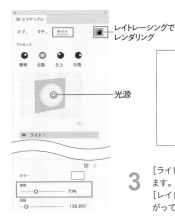

レイトレーシングで
レンダリング

光源

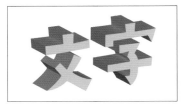

光の反射などを正確に計算するレイトレーシングでは、リアルな表現ができる代わりに表示が遅くなることがあります。動作がもたつく場合は、オン・オフを切り替えて作業しましょう。

3 ［ライト］タブでは、3D オブジェクトに対する照明の位置や強さを設定できます。ライトのウィジェットで光源をドラッグしたり、［強度］などを調整します。［レイトレーシングでレンダリング］をオンにすると、レンダリング精度が上がってよりリアルに仕上がります。

文字をにじませる

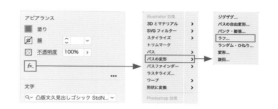

1 ツールバーで[文字ツール]に切り替え、テキストオブジェクトを作成し、フォントなどを自由に設定します。テキストオブジェクトを選択した状態で、「プロパティパネル」の[アピアランス]で[効果を選択]をクリックし、[パスの変形]→[ラフ]を適用します。

（作例の設定）
塗りのカラー：C60 ／ Y10 ／ K25
フォントファミリ：凸版文久見出しゴシック StdN EB
フォントサイズ：90pt
文字間のカーニング：メトリクス

2 「ラフ」ダイアログが表示されたら、[プレビュー]をオンにして設定を進めます。[ラフ]はランダムな大きさの山でジグザグを作る効果です。文字がにじんだ感じになるよう設定を調整しましょう。

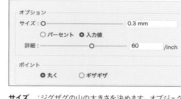

サイズ ：ジグザグの山の大きさを決めます。オブジェクトの大きさに応じて変えるなら[パーセント]、固定するなら[入力値]で設定します。
詳細 ：ジグザグの山の数を決めます。パスの長さ1inchごとに、設定した数だけアンカーポイントを増やします。
ポイント：ジグザグの山のかたちです。2種類から選択します。

文字をななめにする

1 [文字をにじませる]と同様にテキストオブジェクトを作成・選択します。「プロパティパネル」の[アピアランス]で[効果を選択]をクリックして、[パスの変形]→[パスの自由変形]を適用します。

2 ダイアログが表示されたら、コーナーポイントをドラッグして文字がななめになるよう変形します。[OK]をクリックして終了したらできあがりです。

長い文章を変形すると、傾斜がつきすぎて読みづらくなるので注意しましょう。

文字を沿わせたい

ラインやかたちに沿って文字を並べたいときは、
パス上文字を作成しましょう。
モチーフのシルエットや波型のラインなどで作ると
楽しい雰囲気を演出できます。
複雑なかたちの場合は事前にパスを整えてから作成します。

パス上文字で直線に文字を沿わせる

1 まずは好きなかたちのパスを用意します。ここでは、直線のパスでパス上文字を作成してみましょう。ツールバーで[直線ツール]に切り替え、ななめにドラッグして直線を描きます。

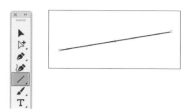

2 ツールバーで[パス上文字ツール]に切り替えて直線のパスをクリックすると、パス上文字に変換されます。パスに沿って文字が並ぶので、そのまま文字を入力します。
[esc]キーを押して文字入力を終了し、「プロパティパネル」で[塗り]のカラーやフォントなどを設定します。

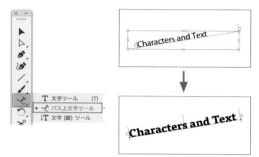

3 パスに文字が入り切らない場合は、テキストオブジェクトの末尾に「+」アイコンが表示されます。[選択ツール]または[ダイレクト選択ツール]で左右のブラケットをドラッグして、文字をおさめる範囲を広げましょう。

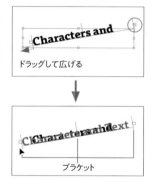

中央のブラケットをドラッグすると、文字の位置を反対側に変更できます。

4 パス上文字の並びをアレンジしたいときは、[パス上文字オプション]で設定できます。テキストオブジェクトが選択されている状態で、[書式]メニュー→[パス上文字オプション]→[パス上文字オプション]を適用します。[パス上文字オプション]ダイアログで[プレビュー]をオンにして、結果を確認しながら[効果]を変えてみましょう。

デフォルトでは[虹]が設定されている

[階段]に設定した例

67

いろいろなかたちでパス上文字を作る

直線以外に、波型のラインや円形などでパス上文字を作成しても良いでしょう。波型のラインは［曲線ツール］で作成するとかんたんです。

円形のように閉じたパスの場合も手順は同じです。ブラケットをドラッグして、狙った位置に文字が並ぶように調整しましょう。

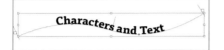
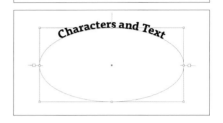

イラストのシルエットに文字を添わせる

1 ベクターで描かれたイラスト素材を用意します。作業をしやすくするため、「プロパティパネル」の［クイック操作］などで全体をグループにしておきましょう。
［選択ツール］で全体を選択し、command（Ctrl）+ C、command（Ctrl）+ F のショートカットキーを順に押して同じ位置の前面に複製します。複製されたグループを選択したまま、「プロパティパネル」の［パスファインダー］で［合体］をクリックします。

うまくイラストを［合体］できないときは、［オブジェクト］メニュー→［アピアランスを分割］、［オブジェクト］メニュー→［パス］→［パスのアウトライン］などを済ませてから合体します。
合体後に複合パスになった場合は、［クイック操作］で［解除］をクリックしてからもう一度［合体］を実行します。

グループ化してから
前面に複製

合体後のオブジェクト

2 合体後のオブジェクトを選択した状態で、「プロパティパネル」の［クイック操作］で［パスのオフセット］を実行します。イラストよりも一回り大きくなるよう、［オフセット］にプラスの値を入力して［OK］をクリックします。

3 ［パスのオフセット］実行後は、広げたパスが選択されています。「プロパティパネル」の［アピアランス］で作業のしやすいカラーに整えましょう。前面には広げる前のパスも残っているため、［選択ツール］で選択して delete キーなどで削除します。

—— 広げたパスは見やすいカラーに変更

—— 元のパスは削除

4 広げたパスを［選択ツール］で選択します。右クリックまたは control ＋クリックでコンテキストメニューを表示し、［単純化］を実行しましょう。スライダーを左側に動かしてアンカーポイントを減らし、パスをシンプルな形に整えます。

広げたパスのアンカーポイントが少なく、きれいな状態ならこの手順は不要です。

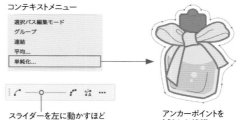

コンテキストメニュー

選択パス編集モード
グループ
連結
平均…
単純化…

スライダーを左に動かすほど単純化される

アンカーポイントを減らした状態

5 パスの折り返し部分の形によっては、パス上の文字がきれいに並ばないことがあります。対策として、角の部分は丸めておきましょう。広げたパス全体を選択して［ダイレクト選択ツール］に切り替え、コーナーウィジェットをドラッグして角を丸めます。コーナーウィジェットは［表示］メニューから表示を切り替えられます。

文字が不自然な並び方になっている例

R :2.66 mm

コーナーウィジェットをドラッグ

6 ［パス上文字ツール］に切り替えてパスの上をクリックし、パス上文字に変換します。自由に文章を入力したら、ブラケットを［選択ツール］などでドラッグして位置を調整しましょう。カラーやフォントなども設定して完成です。

（作例の設定）
塗りのカラー：M80 ／ Y30
フォントファミリ：Tisa Pro
フォントスタイル：Bold
フォントサイズ：17pt
文字間のカーニング：オプティカル

LESSON 17 文字を重ねたい

重ねる・ずらすの 2 ステップでできる文字の加工です。基本の袋文字のテクニックと［変形］効果の組み合わせで作成します。「アピアランスパネル」で効果のかかる位置を意識してチャレンジしましょう。

フチがずれた文字を作る

1 ツールバーで［文字ツール］に切り替え、アートボード上をクリックして文字を入力します。esc キーを押して入力を終了し、「プロパティパネル」でフォントなどを設定します。

（作例の設定）
フォントファミリ：Domus Titling
フォントスタイル：Extrabold
フォントサイズ：60pt
カーニング：メトリクス

2 ［塗り］のカラーにはデフォルトで黒い色が設定されています。「プロパティパネル」でカラーをなしにしましょう。テキストオブジェクトが見えなくなりますが、このまま作業を進めます。「プロパティパネル」の［アピアランス］で［アピアランスパネルを開く］をクリックします。

アピアランスパネルを開く

［塗り］のカラーがなしの状態

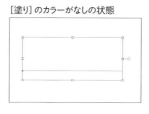

3 「アピアランスパネル」が表示されたら、テキストオブジェクトを選択し、［新規塗りを追加］をクリックします。［塗り］と［線］の項目が 1 つずつ追加されたら、［文字］の項目を一番上にドラッグしておくと安心です。

● テキストオブジェクトのアピアランスについては P.76 を参照

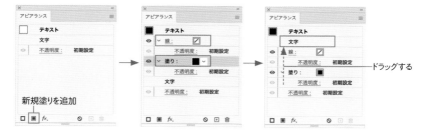

新規塗りを追加

ドラッグする

4 テキストオブジェクトが選択されている状態で、「アピアランスパネル」で［線］と［塗り］に好きなカラーを設定します。文字サイズとバランスをとりながら［線幅］も設定します。［線］をクリックして「線パネル」を表示し、［角の形状：ラウンド結合］も忘れずに設定しましょう。

● アピアランスパネルでのカラー
指定については P.60 を参照

（作例の設定）
塗りのカラー：Y70
線のカラー：M55
線幅：2pt

5 「アピアランスパネル」で［塗り］の項目をクリックしてから、［新規効果を追加］をクリックし、[パスの変形] → [変形] を適用します。

新規効果を追加

6 表示されたダイアログで［プレビュー］をオンにして、結果を確認しながら［移動］の［水平方向］・［垂直方向］に数値を入力します。［OK］をクリックして終了すると、フチがずれて軽やかな印象の文字に仕上がります。

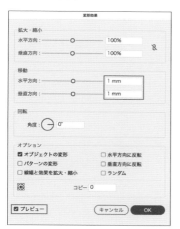

［塗り］の項目に
［変形］効果がかかっている

（作例の設定）
変形効果／移動
水平方向：1mm
垂直方向：1mm

意図した結果にならないときは［変形］効果の位置を確認しましょう。「アピアランスパネル」では［効果］もドラッグで移動できます。［線］または［塗り］の項目の中に［効果］を移動すると、その項目だけに効果がかかります。

版ずれ風の文字にアレンジする

1 フチをずらした文字のテキストオブジェクトを選び、「アピアランスパネル」で［新規塗りを追加］をクリックして［塗り］を2つにします。
［変形］効果がない［塗り］の項目をドラッグして下側へ移動しましょう。［変形］効果は上側の塗りにかかった状態にします。［線］のカラーはなしに変更します。

線のカラーをなしに

新規塗りを追加

重なった塗りがずれた状態

「アピアランスパネル」の［選択した項目を複製］では、［塗り］や［線］、［効果］を複製できます。［塗り］・［線］の場合は、項目に設定した効果も一緒に複製されるため、同じ設定の［塗り］・［線］を増やしたいときに便利です。

2 上側の［塗り］のカラーを好きな色に変更します。さらに、［不透明度］をクリックして［描画モード：乗算］に変更しましょう。ずれた塗りが背面の色となじんで、インクを重ねたような表現になります。

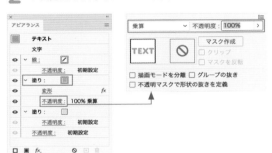

（作例の設定）
上／塗りのカラー：M55
下／塗りのカラー：Y70

塗りを重ねたカラフルな文字にアレンジする

1 フチをずらした文字のテキストオブジェクトを選び、「アピアランスパネル」で［塗り］の項目を選択して［選択した項目を複製］をクリックします。
さらに［新規塗りを追加］をクリックして、［塗り］をもう1つ増やし、上側になるよう重ね順を調整します。［線］のカラーはなしに変更しましょう。

効果と一緒に塗りが複製される

新規塗りを追加

選択した項目を複製

線のカラーをなしに

最後に増やした［塗り］は上側に

2 「アピアランスパネル」で一番下の［塗り］の［変形］効果をクリックします。表示されたダイアログで［移動］の［水平方向］と［垂直方向］を2倍ほどの数値に変更し、［OK］をクリックします。3つの塗りがずれた位置で重なっているので、それぞれに好きなカラーを設定して完成です。

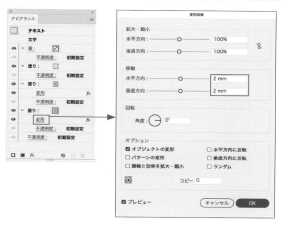

（作例の設定）
上／塗りのカラー：Y70
中央／塗りのカラー：M55
下／塗りのカラー：C50／Y10
中央の［変形］効果／移動／
　　水平・垂直方向：1mm
下の［変形］効果／
　　水平・垂直方向：2mm

重ねた袋文字にアレンジする

1 フチをずらした文字のテキストオブジェクトを選択し、「アピアランスパネル」で［線］の項目をドラッグして下側へ移動します。［塗り］・［線］のカラーは自由に設定してかまいません。
［塗り］にかかった［変形］効果をドラッグして、一番下の［不透明度］の上へ移動しましょう。［変形］効果の項目をクリックして設定を再編集します。

2 表示されたダイアログで［プレビュー］をオンにして、［オプション］の［コピー］に適当な数値を入力します。結果を確認しながら［移動］の［水平方向］・［垂直方向］を自由に設定しましょう。［OK］をクリックして終了すると、袋文字が重なってポップな印象に仕上がります。

自由に設定

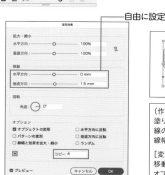

（作例の設定）
塗りのカラー：Y70
線のカラー：M55
線幅：2pt

［変形］効果の設定
移動／水平方向：0mm　垂直方向：1mm
オプション／コピー：4

73

文字に柄を入れたい

オブジェクトの線や塗りに設定できる模様を
「パターンスウォッチ」と呼びます。
テキストオブジェクトと組み合わせて、
文字をアレンジをしてみましょう。
ここでは、デフォルトライブラリのパターンスウォッチを活用します。

ライブラリのパターンを適用する

1 ツールバーで［文字ツール］に切り替え、アートボード上をクリックして文字を入力します。［esc］キーを押して入力を終了し、テキストオブジェクトを選択したまま、「プロパティパネル」でフォントなどを自由に設定します。

（作例の設定）
フォントファミリ：Aller Display（Adobe Fonts）
フォントスタイル：Regular
フォントサイズ：65pt
カーニング：メトリクス

2 「プロパティパネル」を使って、［塗り］にデフォルトで設定されている黒いカラーをなしにします。テキストオブジェクトが見えなくなりますが、このまま作業を進めます。「プロパティパネル」の［アピアランス］で［アピアランスパネルを開く］をクリックします。

アピアランスパネルを開く

3 「アピアランスパネル」が表示されたら、テキストオブジェクトを選択して、［新規塗りを追加］をクリックします。［塗り］と［線］の項目が追加されたら、［文字］の項目をドラッグして一番上に移動します。

ここでは、あとから装飾を加えやすいよう、オブジェクト側のアピアランスを使って装飾を加えます。

項目を一番上にドラッグ

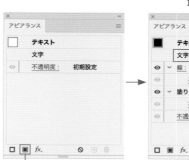

新規塗りを追加

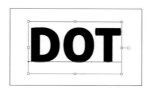

4 テキストオブジェクトが選択されている状態で、「アピアランスパネル」の［塗り］のサムネイルをクリックして「スウォッチパネル」を表示します。［スウォッチライブラリメニュー］をクリックし［パターン］→［ベーシック］→［ベーシック_点］を選択します。

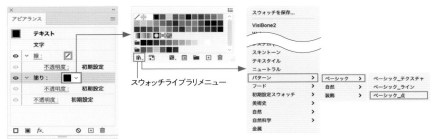

スウォッチライブラリメニュー

ここではデフォルトのスウォッチライブラリを活用していますが、自分でオリジナルのパターンスウォッチを作成することもできます。
● パターンの作成については P.110 を参照

5 「ベーシック_点パネル」でパターンスウォッチをクリックすると、テキストオブジェクトの［塗り］に適用されます。これで文字がドット柄になりました。

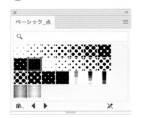

［10 dpi 90%］を適用

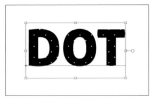

ライブラリ内のパターンスウォッチは、クリックと同時にそのドキュメントの「スウォッチパネル」にも読み込まれます。

Point

テキストオブジェクトのアピアランス

テキストの内容を選択しているとき「アピアランスパネル」に表示される［線］・［塗り］の項目のことを「文字属性のアピアランス」と呼びます。デフォルト設定の黒いカラーはこの文字属性で設定されており、ここでも線や塗りにカラーやパターンを適用できます。ただし、この階層では項目の追加や重ね順の変更を行えないため、複雑な装飾ができません。

文字属性で設定したカラーは、テキストをオブジェクトとして選択したときパネルに表示される、オブジェクト側のアピアランスの［文字］の項目に格納されています。入れ子状態になるため、操作に慣れるまでは文字属性でのカラー設定を避け、さらに［文字］の項目を一番上にして装飾を加えるのがおすすめです。

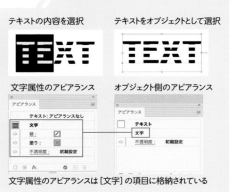

テキストの内容を選択　　テキストをオブジェクトとして選択

文字属性のアピアランス　　オブジェクト側のアピアランス

文字属性のアピアランスは［文字］の項目に格納されている

背景のカラーを足してアレンジする

1 背景のカラーが設定されていないパターンを適用しているときは、「アピアランスパネル」で塗りを重ねてアレンジすると、バリエーションを作りやすくなります。図は、背景のカラーが設定されていないパターンを適用した例です。

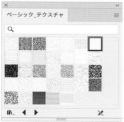

「ベーシック_テクスチャパネル」
で [十字架] を適用

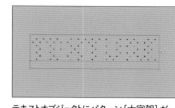

テキストオブジェクトにパターン [十字架] が
適用された状態

2 パターンを適用したテキストオブジェクトを選択し、[新規塗りを追加] をクリックします。[塗り] の項目が 2 つになったら、下側の [塗り] で好きなカラーを設定しましょう。

新規塗りを追加

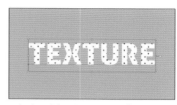

テキストオブジェクトにパターンと背景の [塗り]
に白色が適用された状態

重ねた塗りに対して、グラデーションを適用するのもおすすめです。いろいろな組み合わせで作ってみましょう。ここでは、「スウォッチライブラリメニュー」の [パターン] → [ベーシック] → [ベーシック_ライン] から [10 lpi 10 %] を適用して、グラデーションと重ねています。

● グラデーションの操作については P.24 を参照

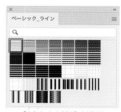

[10 lpi 10%] を適用

(作例の設定)
下側の塗りに設定したグラデーション
種類：線型グラデーション
角度：90°
分岐点（左）のカラー：C50 ／ M40
分岐点（右）のカラー：M40

LESSON
19

文字に動きを
つけたい

文字に動きをつけたいときは、［文字タッチツール］
や［ワープ］効果を活用しましょう。アウトライン
化は不要で、かんたんに調整・再編集ができます。

文字を一文字ずつ編集する

1 ツールバーで［文字ツール］に切り替え、アートボード上をクリックして文字を入力します。 esc キーを
押して文字の編集を終了し、「プロパティパネル」でフォントなどを自由に設定します。

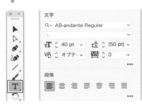

（作例の設定）
フォントファミリ：AB-andante Regular（Adobe Fonts）
フォントサイズ：40pt
カーニング：オプティカル

2 テキストオブジェクトが選択されている状態で、「プロパティパネル」の［文字］で［詳細オプション］を
クリックします。パネルメニューから［文字タッチツール］の表示を有効にしましょう。「文字パネル」に表
示された［文字タッチツール］をクリックしてツールを切り替えます。

［文字タッチツール］を有効にする

［文字タッチツール］が表示された

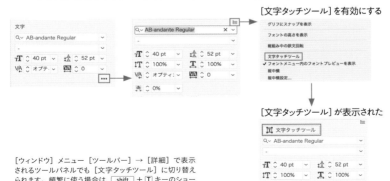

［ウィンドウ］メニュー［ツールバー］→［詳細］で表示
されるツールパネルでも［文字タッチツール］に切り替え
られます。頻繁に使う場合は、 shift ＋ T キーのショー
トカットを覚えても良いでしょう。

3 ［文字タッチツール］では文字を一文字ずつ選択して動かせます。文字のまわりに表示されるウィジェットを自由にドラッグして動きをつけましょう。

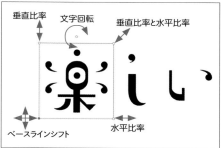

垂直比率　文字回転　垂直比率と水平比率

ベースラインシフト　水平比率

文字回転をかけたとき

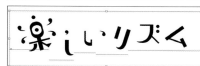

4 文字の選択中は、「プロパティパネル」から［塗り］・［線］にカラーを設定できます。一文字ずつ色を変えると楽しい雰囲気の文字になります。

一文字ずつカラーを設定

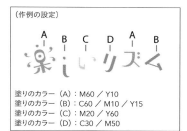

（作例の設定）

塗りのカラー（A）：M60 ／ Y10
塗りのカラー（B）：C60 ／ M10 ／ Y15
塗りのカラー（C）：M20 ／ Y60
塗りのカラー（D）：C30 ／ M50

特定のかたちで動きをつける

1 アーチ型など、特定のかたちで文字に動きをつけるには、［ワープ］効果を使います。ここでは丸みをつける［円弧］を紹介します。フォントやカラーなどを自由に設定したテキストオブジェクトを選択して、［プロパティパネル］の［アピアランス］で［効果を選択］をクリックし、［ワープ］→［円弧］を適用します。

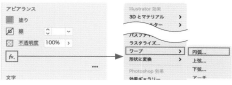

2 ［ワープオプション］ダイアログで［プレビュー］をオンにして、結果を確認しながら［カーブ］を設定しましょう。横書きのテキストは［水平方向］でアーチ型になります。［OK］をクリックして効果の設定を終了します。

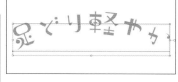

テキストオブジェクトを選択して［プロパティパネル］の［効果を編集］をクリックすると、何度でも設定を変更できます。［スタイル］や［カーブ］の値を変えてバリエーションを作ってみましょう。

その他のスタイルに変更することもできる

ネオン管風の文字を作りたい

**おしゃれなネオン管風の文字はぼかした線を重ねて
ハイライトやネオンの光の広がりを表現します。
ポイントをおさえながら、調整して作成しましょう。**

RGB のドキュメントでネオン管を作る

1 この作例では描画モードを活用するため、RGB のドキュメントで作業を行います。[ファイル]メニュー→[新規]でドキュメントを作成する際に、[Web]または[アートとイラスト]タブでプロファイルを選択すると[カラーモード：RGB]のドキュメントを作成できます。幅や高さ、単位などは作業のしやすいものでかまいません。
[詳細オプション]の[ラスタライズ効果]は[高解像度（300ppi）]に変更して[作成]をクリックしましょう。
● RGB ドキュメントの扱いについては、P.20 を参照

どちらかでドキュメントを作成

クリックで展開

2 ネオン管風の効果を見やすくするため、背景パーツを作成します。ツールバーで[長方形ツール]に切り替え、アートボード上をドラッグして大きめの長方形を描きます。オブジェクトを選択した状態で、「プロパティパネル」で塗りのカラーを設定します。濃紺や黒など、濃いめのカラーがおすすめです。[線]のカラーはなしにしましょう。

（作例の設定）
幅：100mm
高さ：100mm
塗りのカラー：H255 ／ S48 ／ B37（R62 ／ G49 ／ B96）
※ HSB では丸め誤差によって設定値に端数が表示されることがあります

3 背景のオブジェクトを誤って動かさないように、「レイヤーパネル」で長方形が配置されたレイヤーをロックします。[新規レイヤーを作成]をクリックし、新しく作成されたレイヤーが前面になっている状態で作業を続けましょう。

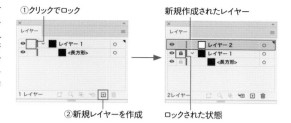

①クリックでロック　新規作成されたレイヤー

②新規レイヤーを作成　ロックされた状態

4 ツールバーで［文字ツール］に切り替え、アートボード上をクリックして文字を入力します。esc キーを押して入力を終了し、テキストオブジェクトを選択したまま「プロパティパネル」でフォントなどを設定します。使うフォントは自由ですが、結果がわかりやすい太めのフォントがおすすめです。

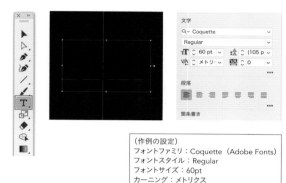

（作例の設定）
フォントファミリ：Coquette（Adobe Fonts）
フォントスタイル：Regular
フォントサイズ：60pt
カーニング：メトリクス

5 テキストオブジェクトを選択し、「プロパティパネル」で［塗り］に設定されている黒いカラーをなしにします。

アピアランスパネルを開く

[塗り]のカラーなし

6 ［アピアランスパネルを開く］から表示した「アピアランスパネル」で［新規線を追加］をクリックします。［塗り］と［線］の項目が追加されたら、［文字］の項目をドラッグして一番上に移動します。
● テキストオブジェクトのアピアランスについては P.76 を参照

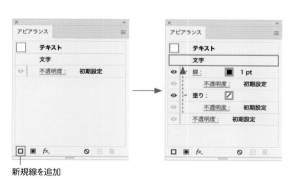

新規線を追加

81

7 テキストオブジェクトを選択したまま、「アピアランスパネル」で［線］のサムネイルを shift キー＋クリックし、［カラーパネル］で好きなカラーを適用します。ネオンらしくするには、彩度の高いカラーがおすすめです。

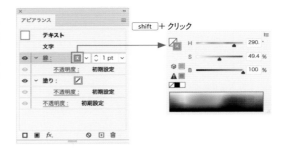

shift ＋ クリック

8 ［線］をクリックして「線パネル」を表示し、文字がつぶれない程度の太さで［線幅］を設定します。さらに［線端：丸型線端］、［角の形状：ラウンド結合］に設定します。［破線］と［線分と間隔の正確な長さを保持］をオンにして、左側の［線分］と［間隔］を設定します。この線がネオン管の本体になります。

● 破線の設定については P.14 を参照

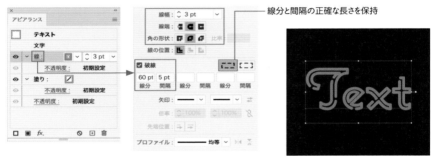

線分と間隔の正確な長さを保持

線が程よく途切れるよう破線を設定

（作例の設定）
線のカラー：H288 ／ S49 ／ B100（R235 ／ G129 ／ B255）
線幅：3pt
破線／線分：60pt
破線／間隔：5pt

9 テキストオブジェクトを選択し、「アピアランスパネル」で［線］の項目を選んで、［選択した項目を複製］をクリックします。上側の線のカラーを白に変更して、［線幅］を少し細くしましょう。

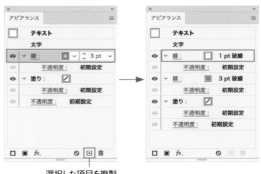

選択した項目を複製

10 白い線の項目を選んで［新規効果を追加］をクリックし、［ぼかし］→［ぼかし（ガウス）］を適用します。表示されるダイアログで［プレビュー］をオンにして、白い線が少しぼやける程度に［半径］を設定します。［OK］をクリックして終了すると、線がハイライトのようになります。

新規効果を追加

（作例の設定）
線幅：1pt
ぼかし（ガウス）／半径：1pixel

11 テキストオブジェクトが選択されている状態で、ネオン管本体の［線］の項目を選び、［選択した項目を複製］をクリックします。複製できたら下側の［線］は［線幅］を2倍ほどに大きくしましょう。さらに［不透明度］をクリックし、［描画モード：スクリーン］、［不透明度：70％］に設定します。

複製した線を編集する

12 ハイライトの白い線にかけた［ぼかし（ガウス）］効果の項目を option（ Alt ）＋ドラッグで、一番下の［線］の項目にも適用しましょう。複製された［ぼかし（ガウス）］効果をクリックしてダイアログを表示し、［プレビュー］をオンにして確認しながら［半径］を変更します。［OK］をクリックすると、ネオン管風の文字の完成です。

option（ Alt ）＋ドラッグで複製

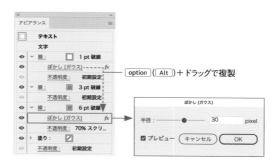

ネオンの光の広がり具合は下側の［線］の［線幅］と［ぼかし（ガウス）］効果の［半径］で決まります。文字のサイズに合わせて調整しましょう。

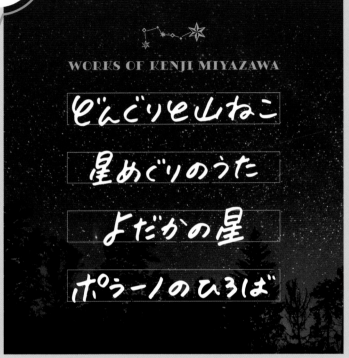

WORKS OF KENJI MIYAZAWA

どんぐりと山ねこ

星めぐりのうた

よだかの星

ポラーノのひろば

オリジナルの
手書き文字を入れたい

[画像トレース]を使って、
自分で書いた文字をパスに変換してみましょう。
カラーや大きさを自由に編集すれば、
タイトルやキャッチコピーを
印象的に見せる素材として活用できます。

手書き文字を画像として取り込む

1 紙にペンで文字を書き、画像データにしましょう。スキャナを使うか、スマートフォンのカメラで撮影してスキャナアプリで整えたものでもかまいません。iPad やペンタブレットを使ってフリーハンドで書いたデータでも同様です。

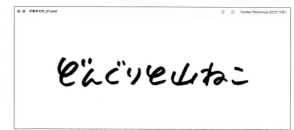

白い紙に黒いペンなどを使い、文字のかたちをはっきりと読み取れる状態で作成する

2 Illustrator で作業用のドキュメントを開き、[ファイル]メニュー→[配置]を実行します。

3 用意した画像ファイルを選んで[配置]をクリックすると、下図のようなカーソルになります。ドラッグでは好きなサイズ、クリックでは 100% の拡大率で配置できます。

● 画像の配置については P.88 を参照

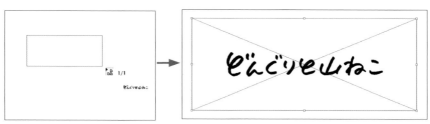

クリックまたはドラッグで配置

4 画像を選択し、「プロパティパネル」の［クイック操作］で［画像トレース］→［デフォルト］をクリックします。

デフォルト設定で画像トレースされる

5 微調整のため、画像トレースのオブジェクトを選択した状態で、「画像トレースパネル」を表示して設定を変更します。［詳細］を展開して、プレビューを見ながら［パス］、［コーナー］、［ノイズ］などの設定を調整しましょう。ここでは、［作成］は［塗り］だけ、［オプション］は［カラーを透過］のみオンにしています。

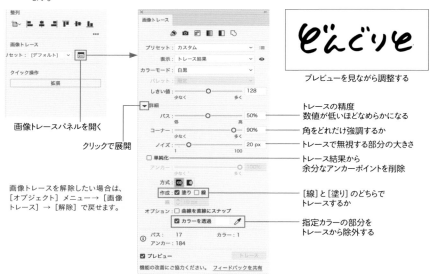

画像トレースパネルを開く

クリックで展開

画像トレースを解除したい場合は、［オブジェクト］メニュー→［画像トレース］→［解除］で戻せます。

プレビューを見ながら調整する

トレースの精度
数値が低いほどなめらかになる

角をどれだけ強調するか

トレースで無視する部分の大きさ

トレース結果から余分なアンカーポイントを削除

［線］と［塗り］のどちらでトレースするか

指定カラーの部分をトレースから除外する

6 画像トレースのオブジェクトを選択し、「プロパティパネル」の［クイック操作］で［拡張］をクリックすると、編集可能なパスに変換できます。

パスへの変換後は、画像トレースの設定を再編集できなくなります。［取り消し］以外では元に戻せないため、不安な場合は拡張前に複製を残しておきましょう。

7 変換後は通常のオブジェクトと同じように編集できます。文字ごとの大きさや位置、色など、自由に調整しましょう。拡張後のパスは自動的にひとつのグループにまとめられますが、[グループ選択ツール]を使うとグループを解除しなくてもパス全体を確実に選択できて便利です。

● [グループ選択ツール]については P.52 を参照

塗りのクリックで
オブジェクト全体を選択できる

パスなので拡大しても
劣化しない

カラーを変えてアレンジした例

Point

線で画像トレースする

トレース結果を塗りではなく線にしたいときは、「画像トレースパネル」などの[プリセット]から[アウトライン]を選ぶか、[作成]で[線]だけをオンにしましょう。
線での画像トレースは、はっきりしたタッチの素材で実行するのがおすすめです。ただし、筆順などが考慮されないため、文字はやや不自然な仕上がりになることがあります。

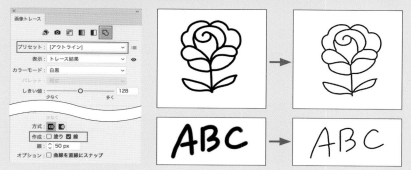

LESSON 22

写真を たくさん載せたい

レイアウトに欠かせない大事な要素のひとつが画像の扱いです。複数の画像ファイルの配置やリンクから埋め込みへの変更など、基本をおさえておきましょう。

画像を配置する

1 ドキュメントを開いている状態で、[ファイル] メニュー→[配置]を実行し、配置したい画像ファイルを選択しましょう。 shift キー + クリックで複数ファイルをまとめて選択できます。[オプション] で [リンク] がオンになっているのを確認し、[配置] をクリックします。

2 選択した画像のサムネイルとファイル数がカーソルに表示されます。この状態でクリックすると画像が100% の拡大率で配置され、カーソルのサムネイルが次の画像に切り替わります。

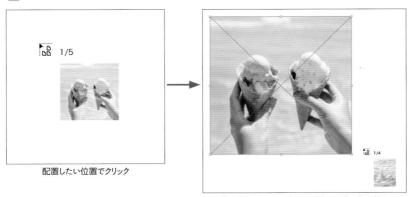

配置したい位置でクリック

画像の配置後、サムネイルが次の画像に切り替わる

3 ドラッグすると、好きな大きさで画像を配置できます。クリックまたはドラッグを繰り返して画像を配置しましょう。

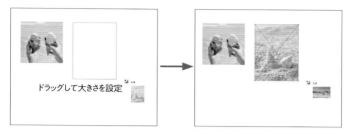

ドラッグして大きさを設定

選んだ画像ファイルを
すべて配置した状態

Point

画像の配置

カーソルにサムネイルが表示されているとき、方向キーの左右または上下を押すと、現在の画像をスキップして次の画像に切り替えることができます。また、[esc]キーを押すと、その画像の配置をキャンセルできます。

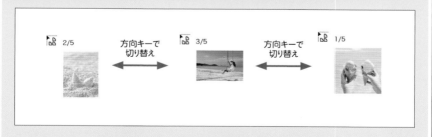

方向キーで
切り替え

方向キーで
切り替え

画像を埋め込む

リンク画像を埋め込みたいときは、［選択ツール］などで画像を選択し、「プロパティパネル」の［クイック操作］で［埋め込み］をクリックします。

リンク／対角線のラインが目印

「埋め込み」から「リンク」への変更も可能です。埋め込まれた画像を選択して、「プロパティパネル」の［クイック操作］で［埋め込みを解除］をクリックします。ファイル名をつけて［保存］をクリックすると、あらためてリンク画像として配置されます。

埋め込み

埋め込まれると［クイック操作］の内容も変わる

「リンク」と「埋め込み」の違い

［配置］のデフォルト設定では、画像はリンクファイルとして配置されます。「リンク」は、画像ファイルの保存場所からデータを参照・表示している状態です。一方、画像ファイルそのものをドキュメントに含めてしまうのが「埋め込み」です。それぞれの特徴を理解して、作業の内容やデータの目的に応じて使い分けましょう。

	リンク	埋め込み
画像ファイルの扱い	ファイルの保存場所から参照している	ドキュメントに含む
ドキュメントの容量	軽い	埋め込んだ画像の分だけ重くなる
画像ファイルの移動	リンク切れで画像がプレビュー状態になる	変わらず画像が表示される
画像ファイルの更新	修正内容が画像に反映される	修正内容が反映されない

1 ドキュメントに配置した画像がリンクか埋め込みかは、［ウインドウ］メニュー→［リンク］で表示される「リンクパネル」で確認できます。ドキュメント上の画像ファイルが一覧で表示され、ファイル名の右横のアイコンで画像の状態を判断できます。

埋め込み（アイコンなし）
無効なリンク（リンク切れ）
リンク

2 ここで注意したいのがリンク切れです。リンクで配置している画像ファイルの名前や場所を変更すると、ドキュメントが参照先を失ってリンク切れになります。ドキュメントを開いたとき、リンク切れの画像ファイルがあればアラートダイアログが表示されます。

3 アラートダイアログで［無視］をクリックしてそのまま作業を進めると、リンク切れの画像ファイルは低解像度のプレビュー画像で表示されます※。画質の変化に気づかずリンクが切れたまま作業を進めてしまうと、画像・PDF の書き出しなどでトラブルの原因になります。

※ Illustrator 2022 以降の仕様です。これより前のバージョンでは、リンク切れの画像はドキュメント上に表示されません。

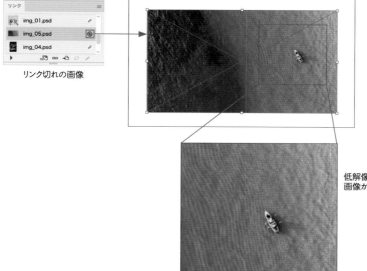

リンク切れの画像

低解像度のプレビュー
画像が表示されている

4 リンク切れが発生したときは、画像を選択して「リンクパネル」メニュー→［リンクを再設定］を実行しましょう。あらためて画像へのリンクを設定できます。ドキュメントを開いたときのアラートダイアログで［置換］をクリックしても同様に再設定が可能です。

LESSON 23

写真を
トリミングしたい

写真をトリミングするには、クリッピングマスクを
使うとかんたんです。編集モードも活用すると、マ
スクの大きさや画像の位置調整が自由にできます。

[クリッピングマスクにしてトリミングを調整する]

1 ドキュメントを開いている状態
で、[ファイル] メニュー→ [配
置] を実行し、画像ファイル
を選択して [配置] をクリッ
クします。カーソルが変わった
ら、クリックまたはドラッグで
画像を配置します。
  ●画像の配置については
    P.88 を参照

選択した画像のサムネイルが
表示される

配置した状態

2 画像を選択して「プロパティパネル」の [クイック操作] で [マスク] をクリックすると、画像と同じ大き
さでクリッピングマスクが作成されます。クリッピングマスクの作成直後はマスクの長方形が選択されてい
ます。そのまま [選択ツール] のバウンディングボックスなどで大きさや位置を調整し、トリミングしましょう。

クリッピングマスクはショート
カットでも作成できます。画像
を 選 択 し、command (Ctrl)
+7 キーを押しましょう。

作成直後はマスクの長方形が
選択されている

バウンディングボックスで
大きさを変えた例

3 トリミングをやり直す場合は、［選択ツール］でクリッピングマスク全体を選択し、「プロパティパネル」の［クイック操作］で［マスク編集モード］をクリックします。画面上部にグレーのバーが表示されて編集モードに切り替わったら、クリッピングパスやマスク内の画像を［選択ツール］で選択できます。大きさや位置などを自由に調整しましょう。調整が済んだら ［esc］ キーを押すか、グレーのバーをクリックして編集モードを終了します。

マスク内の画像を選択している状態

クリッピングパスを選択している状態

──バーをクリックまたは ［esc］ キーで終了

編集モードに切り替わると、編集対象ではないオブジェクトは薄い表示になり、ロックされた状態になります。誤って他のオブジェクトを選択することがなく、特定のオブジェクトだけを編集するのに便利なモードです。

Point

クリッピングマスクを解除するには

クリッピングマスクを解除するには、クリッピングマスク全体を選択し、「プロパティパネル」の［クイック操作］で［マスクを解除］をクリックします。このとき、クリッピングパスのオブジェクトは残るため、不要な場合は忘れずに削除しましょう。

マスクされていた画像 　　クリッピングパスに使われていたオブジェクト

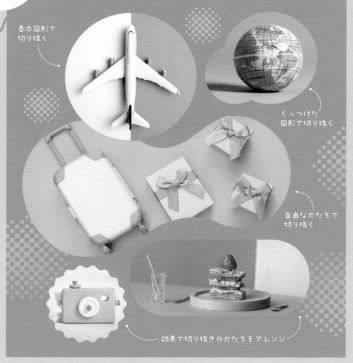

基本図形で
切り抜く

くっつけた
図形で切り抜く

自由なかたちで
切り抜く

効果で切り抜きのかたちをアレンジ

写真を好きなかたちに
切り抜きたい

写真をトリミングできるクリッピングマスクは
いろいろなかたちで作成できます。
画像とオブジェクトの重ね順に注意しながら、
好きなかたちに切り抜いてみましょう。

基本の図形ツールを使って切り抜く

1 ドキュメントを開いている状態で［ファイル］メニュー→［配置］を実行し、画像を好きな大きさで配置します。

● 画像の配置については P.88 を参照

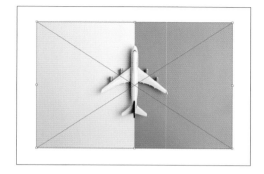

2 切り抜きたいかたちのオブジェクトを用意します。長方形や多角形、星型など好きなものでかまいません。［選択ツール］で画像よりも前の面に配置し、大きさなどを調整しましょう。ここでは［楕円形ツール］で正円を作成しています。

作業がしにくい場合は、オブジェクトの［線］・［塗り］に見やすいカラーを設定しましょう。ただし、クリッピングマスクを作成すると、カラーはすべてなしに変更されます。

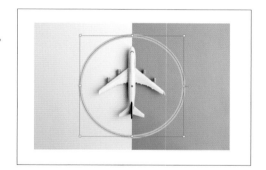

3 ［選択ツール］でドラッグして、画像とオブジェクトを一緒に選択します。「プロパティパネル」の［クイック操作］で［クリッピングマスクを作成］をクリックすると、前面に重ねたかたちで画像が切り抜かれます。

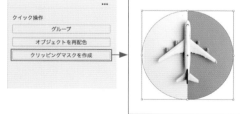

画像を正円で切り抜き

クリッピングマスクは command (Ctrl) + 7 のショートカットキーを押しても作成できます。

［ いろいろなかたちで切り抜く ］

● 組み合わせた図形で切り抜く

パスで囲まれた部分があれば、どんなかたちでもクリッピングマスクを作成できます。
ここでは「プロパティパネル」の［パスファインダー］の［合体］で作成した図形で切り抜いた例です。作成したクリッピングマスクのパスを切り抜きたい画像の上に移動させ、P.95 と同様の手順で切り抜きます。

● パスファインダーについては P.42 を参照

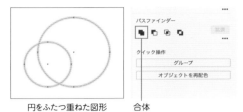

円をふたつ重ねた図形　　合体

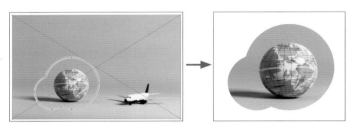

● 曲線ツールで描いた図形で切り抜く

ツールバーの［曲線ツール］で描いた図形で切り抜いた例です。作成したクリッピングマスクのパスを切り抜きたい画像の上に移動させ、P.95 と同様の手順で切り抜きます。

● ［曲線ツール］については P.32 を参照

自由に曲線ツールで描いた図形

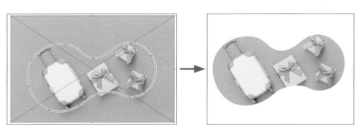

［効果］で切り抜きのかたちをアレンジする

クリッピングパスは、効果を組み合わせてかたちをアレンジできます。［グループ選択ツール］でクリッピングパスだけを選択して、「プロパティパネル」の［アピアランス］で［効果を選択］をクリックし、効果を適用しましょう。

● ［グループ選択ツール］については <u>P.52</u> を参照

クリッピングパスだけ選択した状態

ここでは［ジグザグ］、［でこぼこ］効果を例に紹介します。

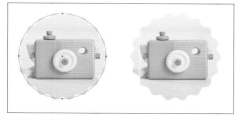

丸いクリッピングパスに［パスの変形］→［ジグザグ］効果を適用した例

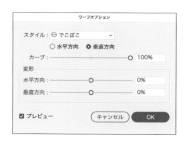

クリッピングパスに有効な効果には以下のようなものがあります。適用しても結果が変わらない効果は、トラブルを防ぐために使用を避けましょう。

- ・［スタイライズ］→落書き、角を丸くする
- ・［パスの変形］→パスの自由変形、パンク・膨張、ラフ、ランダム・ひねり、変形（［オプション］の［コピー］は無効）、旋回
- ・［ワープ］→すべて

長方形のクリッピングパスに［ワープ］→［でこぼこ］効果を適用した例

Bride by the Seashore

写真を目立たせたい

フチや［ドロップシャドウ］のような効果を使って、
写真を印象的に演出しましょう。
どちらもかんたんにできる定番の装飾ですが、
自由なかたちのクリッピングパスと組み合わせると
さらに効果的です。

写真にフチをつける

1 ドキュメントを開いている状態で［ファイル］メニュー→［配置］を実行し、画像を好きな大きさで配置します。好きなかたちでクリッピングマスクを作成したら、トリミング位置などを調整しましょう。

● クリッピングマスクについては P.92、P.94 を、画像の配置については P.88 を参照

2 ツールバーで［グループ選択ツール］に切り替え、クリッピングマスクのクリッピングパスだけを選択します。「プロパティパネル」を使って、［線］に好きなカラー・線幅を設定しましょう。

写真をフチ取りした状態

写真にドロップシャドウ（影）をかける

1 ツールバーで［選択ツール］に切り替え、クリッピングマスク全体を選択します。「プロパティパネル」の［アピアランス］で［効果を選択］をクリックし、［スタイライズ］→［ドロップシャドウ］を適用します。

● ［ドロップシャドウ効果］については P.63 を参照

2 ダイアログで［プレビュー］をオンにして、結果を確認しながら影を設定します。設定できたら［OK］をクリックして終了します。

［ぼかし］は 0 にするとはっきりした影に、数値が大きくなるほどふんわりとした影になります。影を背景の色に馴染ませるときは、［描画モード：乗算］や［カラー］も組み合わせましょう。

画像を文字で切り抜きたい

文字で画像を切り抜いて印象的なタイポグラフィを作成しましょう。文字をメインにしたデザインをしたいときにおすすめのテクニックです。

[クリッピングマスクを作成して切り抜く]

1 ドキュメントを開いている状態で［ファイル］メニュー→［配置］を実行し、画像を好きな大きさで配置します。

● 画像の配置については P.88 を参照

2 ツールバーで［文字ツール］に切り替え、アートボード上をクリックして好きな文字を入力します。esc キーを押して入力を終了し、「プロパティパネル」の［文字］でフォントなどを自由に設定します。

3 ［選択ツール］でテキストオブジェクトと画像を重ねて組み合わせます。大きさなどを調整したら両方をまとめて選択し、「プロパティパネル」の［クイック操作］で［クリッピングマスクを作成］をクリックします。

クリッピングマスクを作成するには、テキストオブジェクトが画像よりも前面に配置されている必要があります。
● クリッピングマスクについては P.92、P.94 を参照

4 文字で画像を切り抜いたとき、クリッピングパスが本来の文字のかたちからズレていることがあります。スマートガイドをオンにしてハイライトすると、ズレがわかります。PDF に書き出す際はそのまま反映されてしまうため、トラブル予防のために効果を使ってズレを解消しましょう。

ハイライトが表示されない場合は、[Illustrator] メニュー→ [環境設定] → [スマートガイド] を開き、「オブジェクトのハイライト表示」をオンにすると表示されます。

画像が文字からズレている

5 [ダイレクト選択ツール] をクリックして、クリッピングパスになっているテキストオブジェクトだけを選択します。「プロパティパネル」の [アピアランス] で [効果を選択] をクリックし、[パス] → [オブジェクトのアウトライン]を適用しましょう。[オブジェクトのアウトライン] 効果でテキストオブジェクトには内部的にアウトラインがかかった状態になり、ズレが解消します。

アピアランス		Illustrator 効果	
塗り		3D とマテリアル ＞	
線		SVG フィルター ＞	
不透明度 100%		スタイライズ ＞	
		トリムマーク	
効果を選択 — fx.		パス ＞	オブジェクトのアウトライン
		パスの変形 ＞	パスのアウトライン
...		パスファインダー ＞	パスのオフセット...

スマートガイドでハイライトしてもズレない

どの程度ズレが生じるかは、フォントのデザインやフォントサイズによっても変わります。ズレが少ない場合も、フォントの変更などに備えて [オブジェクトのアウトライン] 効果をかけておきましょう。

テキストオブジェクトに [書式] メニュー→ [アウトラインを作成] をかけてもズレを解消できますが、アウトライン化後は修正が難しくなります。[オブジェクトのアウトライン] 効果の場合は、文字の情報が保たれているのでフォントやテキストの変更が可能です。

タイポグラフィ的に配置した文字で画像を切り抜いた例。フォントや画像の組み合わせによって、さまざまな雰囲気のグラフィックを作成できる

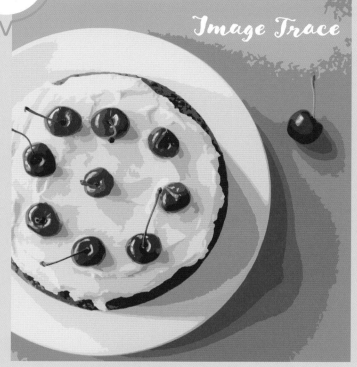

Image Trace

写真からイラストを
起こしたい

写真に［画像トレース］を実行して、
ポスタリゼーション風の演出を
効かせたベクターイラストへ変換しましょう。
目的に応じたプリセットを使い、
写真の状態に合わせて調整するとかんたんです。

画像トレースでイラスト風にする

1 ドキュメントを開いている状態で［ファイル］メニュー→［配置］を実行し、画像を好きな大きさで配置します。
● 画像の配置については P.88 を参照

アラートが表示されてトレースに時間がかかる場合は、画像のデータ容量が大きすぎる可能性があります。Photoshopでリサイズするなど、画像トレースの実行前に適切な状態にしましょう。

2 ［選択ツール］で画像を選択して「プロパティパネル」の［クイック操作］で［画像トレース］をクリックするとプリセットが表示されます。リストの中から目的に合ったものを選択しましょう。

[6色変換]を適用した例

ポスタリゼーション風にしやすいプリセット

3 さらに調整するときは［画像トレースパネルを開く］をクリックして「画像トレースパネル」を表示します。［プリセット］の選択や色数、パスの設定などを調整できます。トレース結果を確認しながら設定を変更しましょう。
● 画像トレースの詳細設定については P.84 を参照

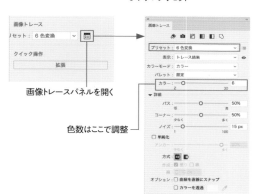

画像トレースパネルを開く

色数はここで調整

調整しやすいパスに分割する

「画像トレースパネル」で［単純化］をオンにすると、トレース結果のアンカーポイント数を削減できます。大量のアンカーポイントはトラブルの原因になりやすいため、気になる場合は［アンカー］の数を確認しながら調整しましょう。
また、画像トレースは何度でも設定を変更できますが、細かく編集するにはパスへ変換する必要があります。［選択ツール］で画像トレースのオブジェクトを選択し、「プロパティパネル」の［クイック操作］で［拡張］をクリックします。拡張後はベクターデータになるため、拡大・縮小を行っても画質が劣化しません。

パスに変換されたオブジェクト

LESSON
28

FULL COLOR
GRAY SCALE

写真をモノクロにしたい

フルカラーの素材をモノクロにするには
[グレースケールに変換]を使います。
[カラーを編集]のメニューコマンドは
本来はパスで描かれたイラストなどに使用するものですが、
埋め込み画像に対しても実行できるものがあります。

埋め込み画像を配置してグレースケールに変換する

1 ドキュメントを開いている状態で［ファイル］メニュー→［配置］を実行し、配置したい画像ファイルを選択します。このとき埋め込み画像として配置するため、［リンク］はオフにします。

リンク画像は変換できないため、「プロパティパネル」の［クイック操作］から［埋め込み］を実行しましょう。
● 画像の埋め込みについては P.90 を参照

2 画像を選択して［編集］メニュー→［カラーを編集］→［グレースケールに変換］を実行します。画像がグレースケールに変換されます。

グレースケールに変換した画像

［カラーを編集］を使った画像処理はあくまで簡易的なものです。印刷データなどでカラー値を正確にコントロールしたい場合は、Photoshopのような専用アプリで画像処理を行いましょう。

Point

埋め込み画像で使える ［カラーを編集］と注意点

［編集］メニュー→［カラーを編集］では、［カラーバランス調整］、［カラー反転］なども埋め込み画像に実行できます。ただし、これらの処理は［取り消し］以外では元に戻せません。これは［グレースケールに変換］も同じです。実行前に複製を残しておきましょう。

［カラーバランス調整］で
シアンとイエローを抜く設定例

マゼンタとブラックだけの
2C画像になる

［カラー反転］の実行例

LESSON
29

·BEFORE· ·AFTER·

画像にニュアンスを
つけたい

角版の写真に［描画モード］を組み合わせて
雰囲気を変えてみましょう。
重ねるカラーや効果によってさまざまな演出ができます。
写真の印象を素早く変えたいときに便利なテクニックです。

［オーバーレイ］でより明るく・暗くする

1 ［描画モード］を適切に扱うために RGB のドキュメントで作業を行います。［ファイル］メニュー→［新規］でドキュメントを作成する際に、［Web］または［アートとイラスト］タブでプロファイルを選択すると［カラーモード：RGB］のドキュメントを作成できます。幅や高さ、単位などは作業のしやすいものを設定します。
● RGB ドキュメントの扱いについては P.20 を参照

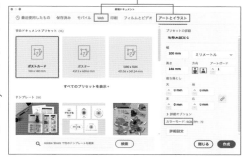

どちらかでドキュメントを作成

2 ［ファイル］メニュー→［配置］を実行し、好きな大きさで画像を配置しましょう。ここではリンクで画像を配置しています。
● 画像の配置については P.88 を参照

2 ［長方形ツール］を使い、画像と同じ大きさの長方形を描いて重ねます。このとき［表示］メニュー→［スマートガイド］をクリックしてオンにすると描きやすくなります。

スマートガイドは、[command]（[Ctrl]）＋ [U] のショートカットキーでオンにできます。

角にスナップにさせて描く

ドラッグして画像と同じ大きさにする

3 長方形を選択した状態で、「プロパティパネル」の［アピアランス］で、［塗り］のカラーに白・黒・グレーなどの無彩色を適用します。［線］のカラーはなしの状態です。［不透明度］をクリックし、［描画モード］を［オーバーレイ］にしましょう。

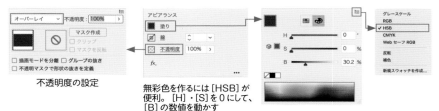

不透明度の設定

無彩色を作るには [HSB] が便利。[H]・[S] を 0 にして、[B] の数値を動かす

4 前面の長方形のグレーの濃さに応じて画像が合成されます。[B:50%] のグレーを境い目に明暗に違いが出るので、好みの明るさに設定します。調整できたら [選択ツール] で全体を選択し、「プロパティパネル」の [クイック操作] の [グループ] でひとまとめにします。なお、CMYK と RGB では色の表現のしくみが異なるため、同じ [描画モード] でも合成結果が異なることがありますので注意しましょう。

● HSB のカラースライダーの扱いについては P.20 を参照

暗い部分がより暗くなる　　中間のグレーでは何も変わらない　　明るい部分がより明るくなる

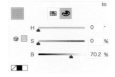

［カラー］でニュアンスをコントロールする

1 P.107 の 1 と同様の手順で RGB の画像を配置します。[長方形ツール] で画像と同じ大きさの長方形を描いて重ねたら、[塗り] のカラーにグラデーションを適用しましょう。グラデーションは [ウインドウ] メニュー → [グラデーション] で「グラデーションパネル」を表示し、好きな種類・カラーで作成します。[線] のカラーはなしで進めます。

● グラデーションの操作については P24、P.114 を参照

元の画像

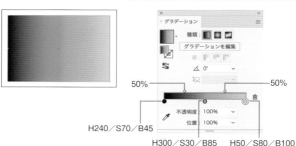

50%　　　　　　　　　　　　　　50%

H240／S70／B45

H300／S30／B85　　H50／S80／B100

2 長方形を選択した状態で、[不透明度] パネルの [描画モード] を [カラー] に切り替えます。画像のグレー濃度に応じて前面に重ねたグラデーションが反映され、大きく雰囲気を変えることができます。

[カラー] は単色の塗りでも有効です。ベージュ系のカラーを重ねればセピア調になります。

ぼかしと［スクリーン］でふんわり明るくする

1 P.107 の 1 と同様の手順で RGB の画像を配置します。［選択ツール］で画像を選択し、command（Ctrl）＋ C キー、command（Ctrl）＋ F のショートカットキーを順に押して、同じ位置・前面に複製しましょう。前面の画像のみを選択している状態で、「プロパティパネル」の［アピアランス］で［効果を選択］をクリックし、［ぼかし］メニュー→［ぼかし（ガウス）］を適用します。

元の画像を前面に複製したところ

効果を選択

● 前面へペーストについては P.53 を参照

2 ［プレビュー］をオンにし、ぼやけ具合を確認しながら［半径］に適当な値を設定し、［OK］をクリックします。

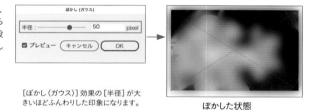

［ぼかし（ガウス）］効果の［半径］が大きいほどふんわりした印象になります。

ぼかした状態

3 前面の画像を選択した状態で、「プロパティパネル」の［アピアランス］から［不透明度］をクリックし、［描画モード］を［スクリーン］に切り替えます。結果が明るすぎるときは［不透明度］を下げて調整しましょう。

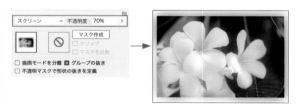

4 ［ぼかし（ガウス）］効果では画像の外側にもボケ足が広がります。扱いにくい場合は全体をクリッピングマスクして整えましょう。画像に長方形のパスを重ねて、クリッピングマスクを作成します。

● クリッピングマスクの作成については P.94 を参照

画像外側までふんわりとボケている

クリッピングマスク後

109

LESSON
30

背景に模様を つけたい

ドットやストライプなどの定番柄は、同じ図形の規則的な繰り返しで作られています。単純なオブジェクトとタイル設定でパターンを作成してみましょう。

パターンスウォッチを作る

1 パターンにしたいパーツを用意しましょう。ここでは正円のパーツを例にしています。パーツ全体を選択して [オブジェクト] メニュー→ [パターン] → [作成] を実行します。ダイアログが表示された場合は [OK] をクリックして閉じましょう。画面がパターン編集モードに切り替わります。

パターンにしたいパーツ

2 デフォルトではタイルがパーツと同じ大きさになっているので、「パターンオプションパネル」でタイルの設定を変更しましょう。タイル上のパーツを直接編集して大きさや色などを変えてもかまいません。設定が完了したら、[esc] キーかグレーのバーをクリックして終了します。

クリックまたは [esc] キーで終了

パターンを定義するタイル

タイルの大きさ

パターン編集モードではパターンの仕上がりを確認しながら設定を編集できます。

3 パターンを適用するオブジェクトを用意・選択して、「プロパティパネル」でスウォッチパネルを表示しましょう。登録されたパターンのサムネイルをクリックすると［塗り］または［線］にパターンが適用されます。

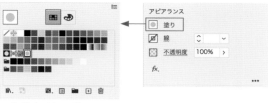

作成したパターンが
サムネイルに追加されている

長方形の塗りに適用した例

パターンスウォッチには、イラスト素材や埋め込み画像なども登録できます。また、効果や矢印などの機能を使ったパーツがある場合、アラートが表示されてパターンの保存と同時に分割されてしまいます。あらかじめ複製を残して対策しましょう。

● ドットのパターンを作る

［楕円形ツール］で描いた小さな正円をパターンに登録するとシンプルなドットパターンになります。円の大きさや数、タイルの設定によってさまざまなバリエーションを作成できます。

正円で作成

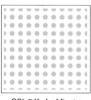

90°のドットパターン

（作例の設定）
円の幅／高さ：6mm
塗りのカラー：C30 ／ M10 ／ Y10
タイルの種類：グリッド
タイルの幅／高さ：10mm

［タイルの種類：レンガ（縦）］、［レンガオフセット：1/2］、タイルの［幅］と［高さ］を1:2の割合で設定すると、ななめ45°で柄が並びます。ドット以外でも便利なタイル設定です。

正円で作成

ななめ45°のドットパターン

（作例の設定）
円の幅／高さ：6mm
塗りのカラー：M30 ／ Y10
タイルの種類：レンガ（縦）
レンガオフセット：1/2
タイルの幅：10mm
タイルの高さ：20mm

● ストライプのパターンを作る

ストライプのパターンは［長方形ツール］で描いた長方形、または［直線ツール］で描いた直線をパターンに登録して作成しましょう。線の場合は、破線などの設定を利用できるのがポイントです。

長方形で作成

シンプルなストライプのパターン

（作例の設定）
長方形の幅：5mm
長方形の高さ：30mm
塗りのカラー：C10／M20／Y50
タイルの種類：グリッド
タイルの幅：10mm
タイルの高さ：30mm

破線を設定した
線で作成

破線のストライプパターン

● 破線の設定については
P.14 を参照

（作例の設定）
直線の長さ：30mm
線のカラー：M15／Y5
線幅：5pt
線端：丸型線端
破線の線分と間隔（左から）：
　50pt／10pt／0pt／
　10pt／50pt／10pt
線分と間隔の正確な長さを保持
タイルの種類：レンガ（縦）
レンガオフセット：1/2
タイルの幅：10mm
タイルの高さ：30mm

● シームレスなパターンを作る

不規則な配置でシームレスにつながるパターンを作成することもできます。イラストなどの素材を用意してパターンへ登録しましょう。ここでは、丸や三角などの基本図形を使用します。パターン編集モードで確認しながら、パーツの大きさや位置を程よくバラけさせると自然な仕上がりになります。

図形をランダムに配置して作成

（作例の設定）
丸や三角などの幅と高さ：約 6mm
線幅：5pt
線端：丸型線端
角の形状：ラウンド結合
使用しているカラー（1）：M30／Y10
使用しているカラー（2）：C10／M20／Y50

使用しているカラー（3）：C30／M10／Y10
タイルの種類：レンガ（縦）
レンガオフセット：1/2
タイルの幅：50mm
タイルの高さ：50mm

● パターンを変形してアレンジする

1 パターンを適用したオブジェクトを［選択ツール］などで選択し、［オブジェクト］メニュー→［変形］から変形処理を実行します。ここでは［回転］を実行します。

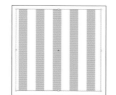

2 ダイアログが表示されたら［オブジェクトの変形］をオフに、［パターンの変形］をオンにします。［プレビュー］をオンにして結果を確認しながら変形の数値を設定し、［OK］をクリックして終了します。ここでは、［角度］を45°に設定しています。

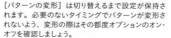

[パターンの変形] は切り替えるまで設定が保持されます。必要のないタイミングでパターンが変形されないよう、変形の際はその都度オプションのオン・オフを確認しましょう。

パターンだけが回転して斜めのストライプになる

● アピアランス機能で背景に色をつける

パターンを適用したオブジェクトを［選択ツール］などで選択し、「プロパティパネル」の［アピアランスパネルを開く］をクリックします。
表示された「アピアランスパネル」で［新規塗りを追加］をクリックし、下側の［塗り］に好きなカラーを設定しましょう。

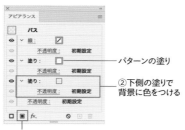

①新規塗りを追加

パターンの塗り

②下側の塗りで背景に色をつける

背景に色がつく

背景用のパーツを含めてパターンを作成することもできますが、背景色はアピアランス機能で塗りを重ねて設定するのがおすすめです。背景色やパターンタイルの大きさが変更しやすくなります。

Point

「スウォッチパネル」でパターンを作成・編集する

［ウィンドウ］メニューで「スウォッチパネル」を表示し、パネルへオブジェクトを直接ドラッグ＆ドロップしてパターンにする方法もあります。パターンのサムネイルをダブルクリックすると、パターン編集モードに切り替わって設定を編集できます。設定を再編集したいときも、この方法で切り替えましょう。

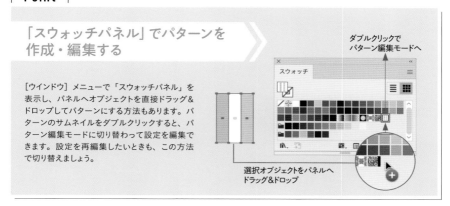

ダブルクリックでパターン編集モードへ

選択オブジェクトをパネルへドラッグ＆ドロップ

Linear

Radial

Freeform

グラデーションを作りたい

グラデーションには複数のオプションがあり、
組み合わせる色やかたちによって大きく雰囲気が変わります。
背景、イラストパーツの陰影、文字など、
さまざまな装飾に使ってみましょう。

線形・円形グラデーションを作る

1
好きなかたち・大きさでオブジェクトを作成して選択します。ここでは［長方形ツール］で長方形を描いています。「プロパティパネル」で［線］のカラーをなしにして、［塗り］のカラーに作業しやすいカラーを適用しましょう。

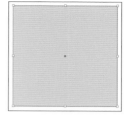

［塗り］は一旦グレーなどにする

2
ツールバーで「グラデーションツール」に切り替えると、「プロパティパネル」に［グラデーション］が表示されます。［種類］で［線形グラデーション］または［円形グラデーション］を適用すると、図のようになります。

■ 線形グラデーション　　■ 円形グラデーション

3
「プロパティパネル」の［グラデーションポップアップを開く］をクリックすると、表示されたパネルでグラデーションを編集できます。カラー分岐点のカラー変更や移動、追加などでグラデーションを自由に設定しましょう。
● 「グラデーションパネル」については P.24 を参照

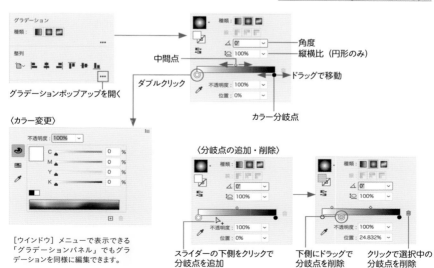

グラデーションポップアップを開く

ダブルクリック

〈カラー変更〉

角度
縦横比（円形のみ）
中間点
ドラッグで移動
カラー分岐点

［ウインドウ］メニューで表示できる「グラデーションパネル」でもグラデーションを同様に編集できます。

〈分岐点の追加・削除〉

スライダーの下側をクリックで分岐点を追加

下側にドラッグで分岐点を削除

クリックで選択中の分岐点を削除

115

4 グラデーションの適用・操作はパネルを使うほか、［グラデーションツール］のクリックやドラッグでも可能です。グラデーションを適用したオブジェクトを選択してからツールバーで「グラデーションツール」に切り替え、スライダーにカーソルを近づけると、できる操作に応じて表示が変わります。スライダーの位置や大きさ、角度などを変えてグラデーションを調整しましょう。分岐点をダブルクリックしてカラーパネルを呼び出す、分岐点を追加するなどの操作はパネルと同様です。

線形グラデーションの場合

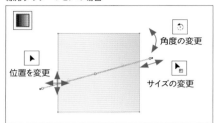

円形グラデーションの場合

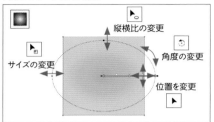

線形グラデーション

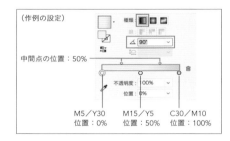

（作例の設定）

中間点の位置：50%

不透明度：100%
位置：0%

M5／Y30　　M15／Y5　　C30／M10
位置：0%　　位置：50%　　位置：100%

円形グラデーション

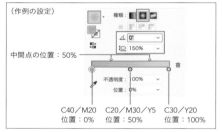

（作例の設定）

中間点の位置：50%

不透明度：100%
位置：0%

C40／M20　　C20／M30／Y5　　C30／Y20
位置：0%　　位置：50%　　位置：100%

Point

線にも適用できるグラデーション

グラデーションは塗りだけでなく、線にも設定できます。塗りと違って「グラデーションツール」では適用できないため、［ウインドウ］メニューなどで表示できる「グラデーションパネル」から設定しましょう。グラデーションのかけ方は［線］の項目から切り替えられます。

線に適用

パスに
沿って適用

パスに
交差して適用

フリーグラデーションを作る

1 グラデーションの適用時に選択できる［種類：フリーグラデーション］では、カラー分岐点を自由な位置へ配置できます。［フリーグラデーション］を設定したオブジェクトを選択して［グラデーションツール］に切り替え、オブジェクト上の分岐点を移動したり、追加・削除したりして調整しましょう。分岐点をダブルクリックするとカラーパネルを表示して色を変更できます。

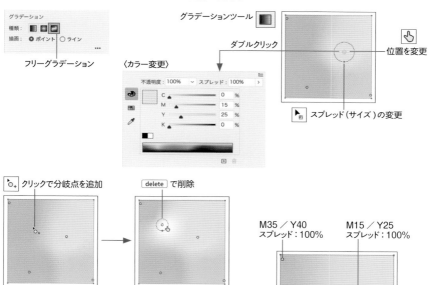

フリーグラデーション

グラデーションツール

〈カラー変更〉

ダブルクリック

位置を変更

スプレッド (サイズ) の変更

クリックで分岐点を追加 | delete で削除

M35／Y40
スプレッド：100%

M15／Y25
スプレッド：100%

M40／Y5
スプレッド：70%

C50／Y5
スプレッド：100%

フリーグラデーションは［オブジェクト］メニュー→［アピアランスを分割］などで拡張すると画像になります。大きさや分岐点の数などによって処理が重くなるケースがあるので注意しましょう。

2 ［フリーグラデーション］のデフォルト設定は［描画：ポイント］ですが、［ライン］に切り替えてオブジェクト上をクリックすると、クリック位置をつなぐようにスライダーが設定されます。［ポイント］と［ライン］は両方を組み合わせて使うこともできます。

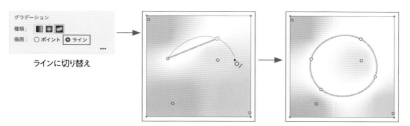

ラインに切り替え

同じ素材をいっぱい
敷き詰めたい

リピートグリッドを活用すると、
イラストや図形などのパーツをかんたんに
敷き詰めることができます。
オプションを組み合わせて、
モチーフが自然に並ぶように調整しましょう。

リピートグリッドで並べる

1 シンプルな図形やイラストなど、好きな素材を用意しましょう。ここではイラストの素材で作成します。素材のオブジェクト全体を［選択ツール］などで選択し、［オブジェクト］メニュー→［リピート］→［グリッド］を実行します。デフォルト設定でリピートグリッドが作成されます。

リンク・埋め込みに関わらず、画像が含まれているとメニューがグレーアウトしてリピートオブジェクトを作成できません。［アピアランスを分割］などで画像に変換されたオブジェクトがある場合も注意しましょう。

2 ［選択ツール］でリピートオブジェクトを選択すると、バウンディングボックスにウィジェットが表示されます。ドラッグして調整しましょう。

リピートオブジェクトから元のオブジェクトに戻すときは、［オブジェクト］メニュー→［リピート］→［解除］を実行します。

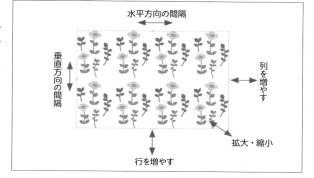

3 リピートオブジェクトを選択しているときは、「プロパティパネル」の［リピートオプション］でも設定を編集できます。仕上がりを確認しながら［グリッドの種類］や［行を反転］、［列を反転］などのオプションを自由に設定します。
デフォルト設定のグリッドでは、リピートされたオブジェクトが縦・横に整然と並びます。自然な仕上がりにしたいときは、複数のオプションを組み合わせてみましょう。

調整後、背景として長方形を背面に配置した例

リピートオブジェクトを選択して右クリック（または control ＋クリック）し、コンテキストメニューの［選択リピートを編集］を実行すると、編集モードでリピートオブジェクトの内容を編集できます。

LESSON 33

飾りフレームを変形しやすくしたい

装飾のあるフレームは、不用意に変形するとバランスが崩れることがあります。シンボルの 9 スライスのオプションを活用して解決しましょう。

［ 9 スライスを設定したシンボルを作る ］

1 ここでは、四隅にデザインがされた長方形ベースのフレーム素材を例に紹介します。ツールバーで［選択ツール］に切り替え、全体を選択して「プロパティパネル」の［クイック操作］から［シンボルとして保存］をクリックします。

 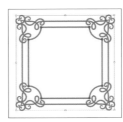 

2 「シンボルオプション」ダイアログで［9 スライスの拡大・縮小用ガイドを有効にする］をオンにして［OK］をクリックすると、シンボルに登録されます。

● シンボルの種類については P.40 を参照

ダイナミックシンボルの機能を使わないときはスタティックシンボルに切り替える

「プロパティパネル」の［クイック操作］に［シンボルとして保存］が表示されないときは、素材全体をグループにしましょう。グループにせずシンボルへ登録したい場合は、［ウィンドウ］メニュー→［シンボル］で「シンボルパネル」を表示して操作する必要があります。

3 9 スライスを編集するため、シンボル編集モードに切り替えます。シンボルインスタンスに変換されたフレーム素材を選択して、「プロパティパネル」の［シンボルを編集］をクリックしましょう。

シンボル編集モードへの切り替え時にアラートが表示されることがありますが、［OK］をクリックして続けます。

4 9スライスを有効にしている
シンボルでは、シンボル上に
4本の点線のガイドが表示さ
れます。ガイドをドラッグして、
四隅の飾りがガイドの外側に
なるよう配置しましょう。調整
が完了したら、[esc] キーを押
すなどの方法で編集モードを
終了します。

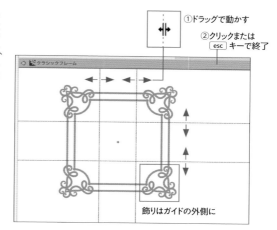

①ドラッグで動かす

②クリックまたは
[esc] キーで終了

飾りはガイドの外側に

5 フレーム素材のシンボルインス
タンスを[選択ツール]で選択
し、バウンディングボックスで
幅や高さを変更してみましょう。
適切に9スライスが設定され
ていれば、四隅の飾りのバラン
スを保ったまま変形できます。

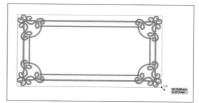

変形しても飾りのバランスが崩れない

9スライスのフレームはデザイ
ンの自由度が高いのが特徴で
す。四隅のデザインが異なるフ
レームや、縦または横方向だ
けに伸ばすモチーフでも活用し
てみましょう。

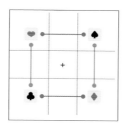

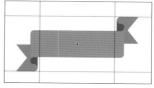

Point

9スライスのしくみと注意点

9スライスはシンボルに登録したオブジェクトを3×3の枠で9つ
に分割し、四隅の形を保ったまま拡大・縮小を可能にする機能
です。9スライスのガイドは図のようなしくみになっています。ガ
イドで挟まれた部分が伸縮し、ガイドの外側はそのまま保持され
ます。
また、9スライスを設定したシンボルインスタンスは、変形で小
さくしすぎないよう注意しましょう。高さ・幅を元の大きさよりも
小さくすると、バランスが崩れてしまいます。

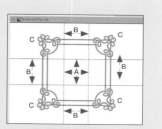

A…幅と高さが伸びる
B…幅または高さが伸びる
C…幅も高さもそのまま

PART1 つくる ≫ 飾りフレームを変形しやすくしたい

フィットネス体験プログラム

スケジュール & 基本メニュー

曜日	初心者	上級者
火	ルーム A 19:00	ルーム B 18:30
木	ルーム A 18:30	ルーム C 18:30
土	メインホール 10:30	小ホール 11:00

menu	初心者	上級者
1	ウォーキング	ランニング
2	自重 トレーニング	HIIT
3	ストレッチ	ウエイト トレーニング

表を入れたい

Illustrator で作る表は、
デザインアプリならではの装飾ができるのがメリットです。
表組み作成にもさまざまな方法がありますが、
ここではエリア内文字を活用して作成します。
作成した表は、線や効果を使ってアレンジしてみましょう。

基本の表作り

1　ツールバーで［長方形ツール］に切り替えて、表全体の大きさになる長方形を描きます。［塗り］と［線］のカラーは作業のしやすい色で進めます。

2　長方形を選択した状態で、［オブジェクト］メニュー→［パス］→［グリッドに分割］を実行します。［プレビュー］をオンにして［段数］を変更すると、指定した数で長方形が分割されるので、［OK］をクリックして確定します。

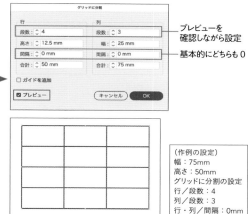

プレビューを
確認しながら設定

基本的にどちらも 0

（作例の設定）
幅：75mm
高さ：50mm
グリッドに分割の設定
行／段数：4
列／段数：3
行・列／間隔：0mm

3　表に載せる内容に合わせて、分割された長方形の大きさを整えます。列や行ごとの幅・高さは［選択ツール］のバウンディングボックスなどを使って変更します。［塗り］・［線］のカラーや線幅も自由に設定します。これが表本体のベース部分になります。

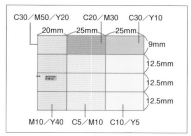

（作例の設定）

長方形を決まった大きさに整える場合は「プロパティパネル」の［変形］を利用しましょう。［基準点を指定］で基準を決めてから幅や高さの値を指定するときれいに仕上がります。

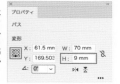

4 表にテキストを配置しましょう。まず、オブジェクトを誤って動かさないよう、表本体とテキストでレイヤーを分けて作業できるようにします。
［選択ツール］で表全体を選択し、command（Ctrl）+C のショートカットキーでコピーします。ペーストする前に「レイヤーパネル」で現在のレイヤーをロックしてから、［新規レイヤーを作成］をクリックします。

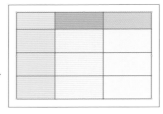

①レイヤーをロック

②新規レイヤーを作成

5 command（Ctrl）+F のショートカットキーで前面にペーストを実行すると、新しいレイヤーに同じ位置でペーストされます。
● レイヤーの扱いについては P.80 を参照

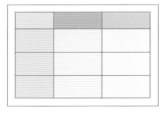

追加したレイヤーに
表をペーストした状態

6 ツールバーで［文字ツール］に切り替えて長方形をクリックすると、エリア内文字に変換されて文字が入力できるようになります。

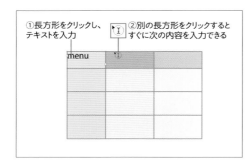

①長方形をクリックし、テキストを入力　②別の長方形をクリックするとすぐに次の内容を入力できる

menu

7 同じ手順を繰り返して、それぞれのセルに載せたい内容を入力します。

menu	初心者	上級者
1	ウォーキング	ランニング
2	自重トレーニング	HIIT
3	ストレッチ	ウエイトトレーニング

ここでは長方形を複製してエリア内文字に変換しましたが、［文字ツール］で作成したポイント文字を使っても問題ありません。扱いやすい方で作業しましょう。
● エリア内文字については P.57 を参照

表の内容をすべて載せた状態

8

テキストの見た目を整えましょう。［選択ツール］でそれぞれのエリア内文字を選択してから、「プロパティパネル」の［文字］、［段落］などを自由に編集します。

テキストオブジェクトはまとめて変更も可能

9

［エリア内文字］のオプションでは、エリアに対するテキストの位置を指定できます。ここではすべてのエリア内文字に［中央揃え］を適用していますが、必要に応じて設定しましょう。

エリア内文字に［中央揃え］を適用した例

● 線や効果でアレンジしてみよう

線の設定を変える、効果を適用するなど、表本体の長方形を編集してバリエーションを作ってみましょう。

[角丸長方形] 効果を使った例

表本体の長方形に「プロパティパネル」の［アピアランス］で［効果を選択］→［形状に変形］→［角丸長方形］を適用します。効果のダイアログで、長方形がひと回り小さくなるよう設定しましょう。

[破線] を使った例

表本体の長方形を選択し、「線パネル」で［破線］をオンにします。［コーナーやパス先端に破線の先端を整列］も設定するときれいに仕上がります。外枠として、表全体と同じ大きさの長方形を追加しても良いでしょう。

● 破線の設定については P.14 を参照

表本体の長方形だけを選択するときは、[レイヤーパネル]でレイヤーのロックを切り替えると作業しやすくなります。

破線の設定例

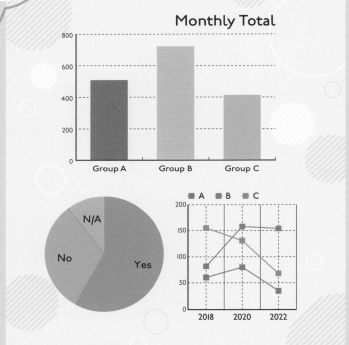

グラフを入れたい

グラフのためのツールを使い、
入力したデータからグラフオブジェクトを作成します。
グラフとデータとの連携を活かす場合は、
編集のポイントをおさえて操作しましょう。
手順を守れば修正にも対応しやすいグラフになります。

棒グラフのオブジェクトを作成する

1 ［ウインドウ］メニュー→［ツールバー］→［詳細］で表示されるツールバーで、作成したいグラフのツールに切り替えます。ここでは［棒グラフツール］を選びます。アートボード上をドラッグまたはクリックして、必要な大きさでグラフオブジェクトを作成します。

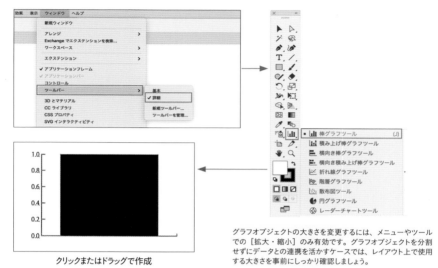

クリックまたはドラッグで作成

グラフオブジェクトの大きさを変更するには、メニューやツールでの［拡大・縮小］のみ有効です。グラフオブジェクトを分割せずにデータとの連携を活かすケースでは、レイアウト上で使用する大きさを事前にしっかり確認しましょう。

2 グラフオブジェクトが描画されると、グラフデータウィンドウが表示されます。項目や数値など、グラフにしたい内容をセルに入力しましょう。

データの入力には、表計算アプリケーションからコピー＆ペーストする、［データの読み込み］からタブ区切りテキストや CSV を読み込むなどの方法もあります。

データセットラベル　データの読み込み　適用

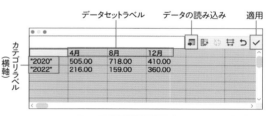

カテゴリラベル（横軸）

	4月	8月	12月
"2020"	505.00	718.00	410.00
"2022"	216.00	159.00	360.00

西暦の表記など、ラベルの名称が数字だけになる場合は半角の二重引用符（"）で囲みましょう。

3 ［適用］をクリックすると、データがグラフに反映されます。グラフデータウィンドウが表示されている間はグラフの設定変更ができないため、データ入力が済んだら閉じます。

途中で数値を更新したい場合は、［選択ツール］でグラフオブジェクト全体を選択し、「プロパティパネル」の［クイック操作］から［グラフデータ］をクリックします。グラフデータウィンドウが表示されたら、同様の手順で編集・適用しましょう。

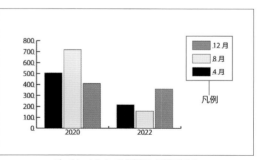

データセットラベルは凡例として表示される

127

● グラフの設定を変更する

1 [選択ツール] でグラフオブジェクト全体を選択します。「プロパティパネル」の [クイック操作] から [グラフの種類] をクリックすると、「グラフ設定」ダイアログが表示されます。

2 「グラフ設定」ダイアログでは、選択中のグラフに関するさまざまな設定ができます。必要に応じて編集しましょう。図は、[グラフオプション] でグラフの幅を、[数値の座標軸] で目盛りの数と長さを変更した例です。

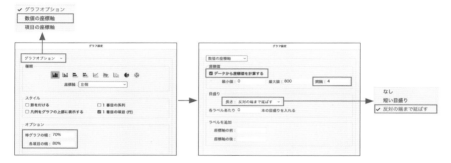

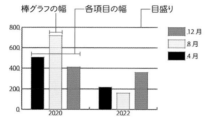

棒グラフの幅　　各項目の幅　　目盛り

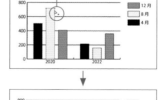

● グラフの見た目を編集する

1 ツールバーで [グループ選択ツール] に切り替えてグラフのパーツを何回かクリックし、グラフ内部で同じアピアランスが設定されているパーツをまとめて選択します。

[グループ選択ツール] で何回かクリックする

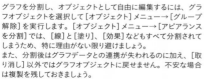

グラフを分割し、オブジェクトとして自由に編集するには、グラフオブジェクトを選択して [オブジェクト] メニュー→ [グループ解除] を実行します。[オブジェクト] メニュー→ [アピアランスを分割] では、[線] と [塗り] [効果] などもすべて分割されてしまうため、特に理由がない限り避けましょう。
また、分割後はグラフデータとの連携が失われるのに加え、[取り消し] 以外ではグラフオブジェクトに戻せません。不安な場合は複製を残しておきましょう。

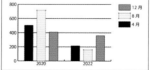

グラフ内で同じアピアランスのパーツが選択される

2 「プロパティパネル」を使って、[線]や[塗り]のカラー、ラベルに使われているフォントなどを編集してグラフの見た目を整えましょう。図は、凡例の色や目盛りの線、ラベルのフォントなどを編集した例です。

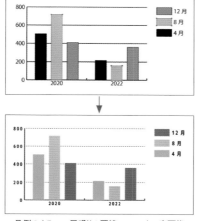

グラフの各パーツはデータの内容に合わせてグループ化されています。パーツの移動や削除、アピアランスの編集などは個別に行えます。ただし、グラフオブジェクト内部の構造を無視した変更は、データの更新時にすべてリセットされてしまうので、注意しましょう。

凡例のカラー、目盛りの罫線、フォントの変更後

● グラフのバリエーション

同様の手順で、棒グラフ以外にもさまざまなグラフを作成できます。グラフは全部で9種類用意されていますので、データで伝えたい内容に合ったものを選びましょう。

円グラフ

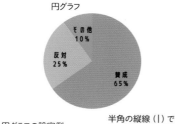

折れ線グラフ

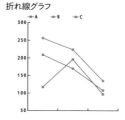

円グラフの設定例　　半角の縦線（|）でラベルを改行できる

折れ線グラフの設定例

簡易地図を入れたい

単純な線や図形を組み合わせて地図を作ってみましょう。
線路はアピアランス機能を使い、
破線を重ねて表現すると、
あとからの修正にも対応しやすくなります。

※ここで紹介している地図記号はあくまで簡易的に表現したものです。

［線］や［塗り］で道路を表現する

1　単純な道路は線で表現します。まっすぐな道は［直線ツール］を使うか、［ペンツール］でクリックを繰り返して点をつなぐように直線を描き、「プロパティパネル」で線のカラーや線幅などを設定して作成しましょう。

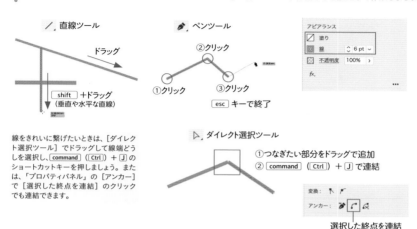

線をきれいに繋げたいときは、［ダイレクト選択ツール］でドラッグして線端どうしを選択し、command（Ctrl）＋Jのショートカットキーを押しましょう。または、「プロパティパネル」の［アンカー］で［選択した終点を連結］のクリックでも連結できます。

2　変わった形の道や駐車場、面積のあるロータリーなど、線で表現が難しいものは塗りで作成します。図のように［長方形ツール］などで描いた基本図形や、［ペンツール］などで描いた自由な形を組み合わせ、「プロパティパネル」で［塗り］のカラーを設定します。

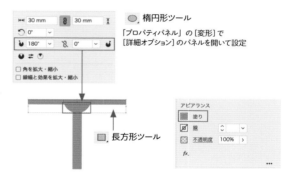

3　作成したオブジェクトの形を変えるには、プロパティの変更で基本図形をアレンジするほか、［ダイレクト選択ツール］でアンカーポイントを動かして形を直接変更しても良いでしょう。

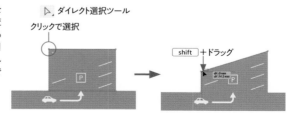

［塗り］にパターンスウォッチを使うのもおすすめです。ストライプやドットなど、シンプルなパターンでも楽しい印象のマップになります。
●パターンについては P.110 を参照

131

線路を作る

1 線路を表現したいときは、線のアピアランスを編集します。[直線ツール] や [ペンツール] などを使って、線路にしたい線を描きます。[選択ツール] などで線を選択した状態で、「プロパティパネル」の [アピアランスパネルを開く] をクリックします。

（作例の設定）
線の長さ：100mm

アピアランスパネルを開く

2 表示された「アピアランスパネル」で、[線] に線路のベースとなるカラーと、適当な線幅を設定します。

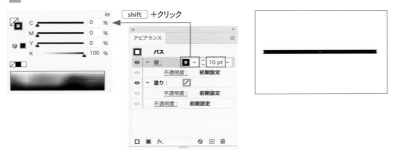

shift +クリック

3 線のオブジェクトを選択したまま [新規線を追加] をクリックし、上側の [線] の項目の線のカラーを白にします。[線] のクリックでパネルを表示したら、下の [線] よりも小さい線幅を設定し、[線端：線端なし] で [破線] をオンにします。線幅とのバランスを確認しながら、一番左の [線分] に適当な数値を設定します。

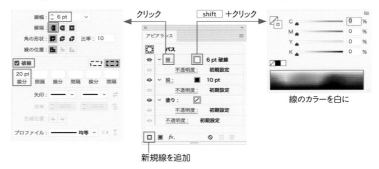

クリック　　　shift +クリック

線のカラーを白に

新規線を追加

4 黒と白の線を組み合わせた線路は、JR 線を示すのが一般的です。右図のように、長方形と駅名のテキストを組み合わせれば線路と駅を表現できます。

● 破線については P.14 を参照

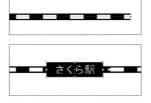

（作例の設定）
上の線
線のカラー：
　C0 ／ M0 ／ Y0 ／ K0（白）
線幅：6pt
破線の線分：20pt
下の線
線のカラー：K100
線幅：10pt

5 同様の手順で、組み合わせる破線の設定や線のカラーを変更すると、JR線以外の線路を作成できます。「アピアランスパネル」で線を重ねて作成した線路は、パスを描き足したり形を変えたり、修正もかんたんなのがメリットです。

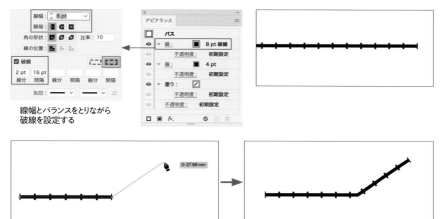

線幅とバランスをとりながら破線を設定する

地図を彩るアイデアー矢印

目的地を示す矢印は、線で作成するとデザイン変更も簡単です。線を選択して「プロパティパネル」で線パネルを表示し、[矢印]のリストからレイアウトの雰囲気に合うものに切り替えます。テキストと組み合わせて活用しましょう。
● 矢印については P.14 を参照

フォントファミリ：Domus Titling
　　　　　　　　(Adobe Fonts)
フォントスタイル：Extrabold
矢印：矢印 38

フォントファミリ：CoconPro
　　　　　　　　(Adobe Fonts)
フォントスタイル：Bold
矢印：矢印 7

フォントファミリ：Chennai Light
　　　　　　　　(Adobe Fonts)
フォントスタイル：Light
矢印：矢印 11+ 矢印 24

地図を彩るアイデアー - 信号

信号のパーツは長方形をベースに、楕円形を3つ組み合わせて作成しましょう。長方形は楕円形全体よりも一回り大きく描きます。長方形と楕円形の位置は、[整列]で[オブジェクトの整列]や[等間隔に分布]などを使って整えましょう。

● 整列については P.140 を参照

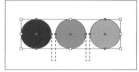

楕円形は等間隔に配置してから
グループにすると扱いやすい

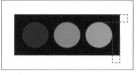

長方形は楕円形を基準に、
上下左右を均等に広げた大きさに

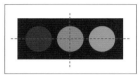

全体が中心で揃うよう整える

さらに、長方形は「プロパティパネル」の[変形]で[詳細オプション]を開き、[角の種類：角丸（外側）]を設定して最大値で丸めると信号らしくなります。

● 基本図形の扱いについては
P.16 を参照

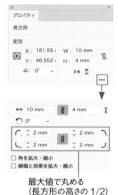

最大値で丸める
（長方形の高さの 1/2）

[角丸（外側）]にした状態

（作例の設定）
長方形
幅：10mm、高さ：4mm
塗りのカラー：C90 ／ M75 ／ Y10
角の種類：角丸（外側）、角丸の半径：2mm
楕円形 3 つ
幅：2.5mm、高さ：2.5mm
塗りのカラー（左）：C80 ／ M40 ／ Y85 ／ K10
塗りのカラー（中央）：M60 ／ Y45
塗りのカラー（右）：M45 ／ Y90

Point

角丸での拡大・縮小

[角丸（外側）]で丸めた角は、拡大・縮小で形が変わってしまうことがあります。変形する前に「プロパティパネル」の[変形]で[詳細オプション]を開き、[角を拡大・縮小]をオンにすると回避できますが、かたちをこれ以上変更しない場合は長方形を選択して「プロパティパネル」の[クイック操作]から[シェイプを拡張]を実行しましょう。[角丸の半径]を変更できなくなる代わりに、サイズ変更しやすくなります。

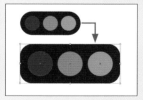

拡大して形が変わってしまった例

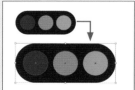

[シェイプを拡張]を実行した例

Illustratorで
[ととのえる]

制作したドキュメントをいざ見返してみると、
「なんだか、バラバラして見えるなぁ」
「もっときれいに配置したいなぁ」なんてことはありませんか?
ここでは見た目を
「ととのえる」ためのテクニックを紹介します。
デザインはすっきり見やすくするだけで
見違えるほどきれいに仕上がります!

ひとに見せる前に
整えなきゃ!

文字の配置を
きれいに
したいなぁ

ちぐはぐして
見えるのを
何とかしたい!

LESSON 37 イラストや写真、文字の サイズを調整したい

オブジェクトの拡大・縮小はバウンディングボックスや「変形パネル」、[拡大・縮小ツール] などで行います。目的に合わせて使い分けましょう。

比率を保って大きさを変える

[選択ツール] で表示されるバウンディングボックスを使うと、オブジェクトの変形をスムーズに行えます。ツールバーから [選択ツール] に切り替え、クリックまたはドラッグでオブジェクトを選択しましょう。カーソルをバウンディングボックスのどれかひとつのハンドルに近づけ、 shift ＋ ドラッグすると、縦・横のバランスを崩さずに拡大・縮小できます。

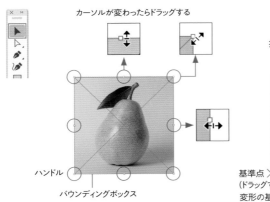

カーソルが変わったらドラッグする

ハンドル

バウンディングボックス

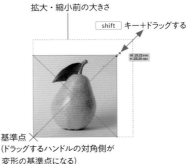

拡大・縮小前の大きさ

shift キー＋ドラッグする

基準点
(ドラッグするハンドルの対角側が
変形の基準点になる)

自由な比率で拡大・縮小したいときは、 shift キーを押さずにバウンディングボックスのハンドルをドラッグします。ただし、写真やイラストなどの素材は、縦横比を崩さずに扱うケースがほとんどです。意図的にバランスを崩したいとき以外は注意しましょう。

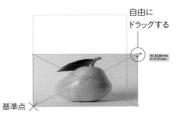

自由に
ドラッグする

基準点

中心を基準に変形する

中心を基準に変形したいときは、option (Alt) キーを押しながらハンドルをドラッグします。

縦横比も保って変形したいときは、shift + option (Alt) キー＋ドラッグします。

〈中心を基準点に自由な比率〉

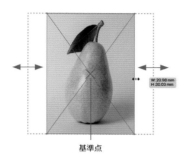

基準点

〈中心を基準点に縦横比を維持〉

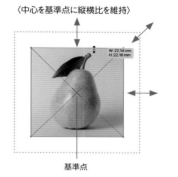

基準点

比率を指定して大きさを変える

1 オブジェクトを縮小する際に、半分（50％）や 1/4（25％）など、決まった比率で大きさを変更するには「拡大・縮小」ダイアログを使います。[選択ツール] などでオブジェクトを選択してから、[オブジェクト] メニュー→[変形]→[拡大・縮小] からダイアログを表示します。

2 「拡大・縮小」ダイアログでパーセンテージを入力して[OK]をクリックすると、拡大・縮小されます。

縦横比を変えるときは
こちらを指定する

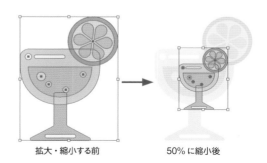

拡大・縮小する前　　　　50％に縮小後

決まった単位で大きさを変える

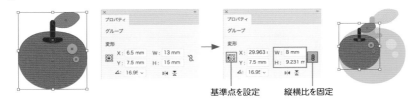

基準点を設定　　縦横比を固定

mm や pt など決まった単位で大きさを変更するには、オブジェクトを選択した状態で「プロパティパネル」の［変形］で［幅］と［高さ］に数値を入力します。縦横比を保つ場合は［縦横比を固定］をオンにしてから入力しましょう。変形の基準点は［基準点を設定］で上下左右・四隅・中央のどれか 1 つをクリックして設定できます。

Point

入力エリアで計算する

数値の入力エリアでは、足し算（＋）、引き算（−）、掛け算（*）、割り算（/）が使えます。また、パーセンテージ（%）を直接入力して、大きさを変更することも可能です。

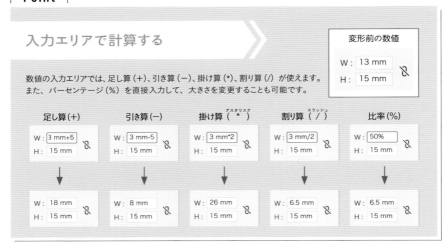

特定の位置を基準に大きさを変える

［選択ツール］のバウンディングボックスと同様、［拡大・縮小ツール］のドラッグでも選択中のオブジェクトを拡大・縮小できます。［拡大・縮小ツール］では基準点を好きな位置に設定できるのが特徴です。オブジェクトを選択したら、基準にする位置をクリックしてからドラッグをはじめて大きさを変更します。

縦横比を保つときは、shift キーを押しながらななめにドラッグします。

①クリックで
基準点を決める

デフォルトの基準点は
オブジェクトの中心

②ドラッグで
拡大・縮小

文字のサイズを変える

文字の大きさは、［フォントサイズ］でコントロールするのが基本です。テキストオブジェクトを［選択ツール］などで選択し、「プロパティパネル」の［文字］で［フォントサイズ］を変更します。

文字の大きさ：24pt　　　　文字の大きさ：12pt

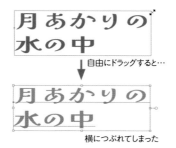

文字のサイズはバウンディングボックスのドラッグでも変えられますが、比率を同じにするため必ず shift キーを押しながらドラッグしましょう。自由に変形すると、図のように文字の縦横比が崩れ、間延びした印象になりがちです。デザインの意図がある場合を除いて、［垂直比率］と［水平比率］は同じになるよう注意します。

自由にドラッグすると…

横につぶれてしまった

［垂直比率］と［水平比率］が揃っていないときは、 command （ Ctrl ）＋ shift ＋ X キーで 100％ にリセットできます。

同じ比率になっていない

Point

文字のサイズの単位

ワープロソフト等の文字の単位では「pt（ポイント）」が使われるのが一般的ですが、ミリメートル単位で作成する印刷向けドキュメントでは「Q（級）」や「H（歯）」がよく用いられます。1Q・1H= 0.25mm=1/4mm で計算がかんたんで、大きさのイメージもしやすいのがメリットです。
Illustrator では用途に応じ、ptとQ、どちらの単位も利用できます。単位を変更したいときは、［Illustrator］メニュー→［環境設定］→［単位］から切り替えられます。

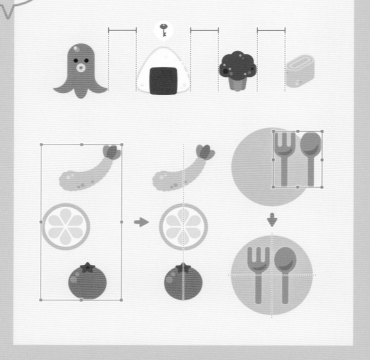

オブジェクトの位置を
揃えたい

イラストを等間隔で並べたり、丸の中心に置いたりと、
見た目をきれいに揃えたいときは、［整列］を使いましょう。
間隔の指定やキーオブジェクトなども組み合わせると、
効率よくパーツの位置を整えられます。

等間隔に揃える

1 イラストなど複数のパーツでできているものは、それぞれグループにしてからはじめましょう。揃えたいオブジェクトを［選択ツール］などですべて選択し、「プロパティパネル」の［整列］で［詳細オプション］をクリックしてパネルを表示します。

● グループについては P.154 を参照

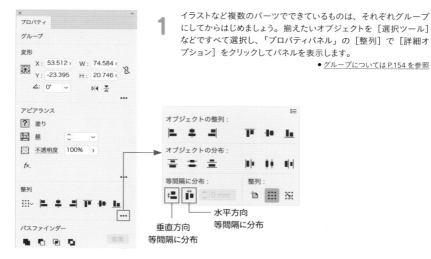

垂直方向
等間隔に分布

水平方向
等間隔に分布

2 横方向のオブジェクトの並びを等間隔にするには［水平方向等間隔に分布］、縦方向は［垂直方向等間隔に分布］をクリックします。全体の高さや幅は元のままで、その範囲内でオブジェクトが均等な間隔を空けて配置されます。

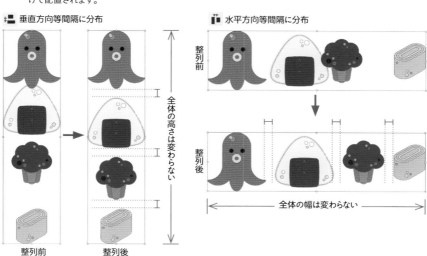

好きな間隔で揃える

1 決まった数値で等間隔に配置する
ときは、整列前にキーオブジェクトを設定する必要があります。揃えたいオブジェクトをすべて選択して、基準にするオブジェクトを［選択ツール］でもう一度クリックすると、キーオブジェクトに設定されて強調表示に切り替わります。

全体を選択

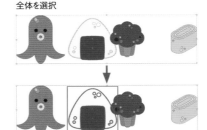

［選択ツール］でクリックしてキーオブジェクトに設定

2 「プロパティパネル」の［整列］で［詳細オプション］をクリックしてパネルを表示します。キーオブジェクトが設定されると、［等間隔に分布］で間隔値が入力できるようになります。数値を設定したら、［垂直方向等間隔に分布］または［水平方向等間隔に分布］をクリックしましょう。キーオブジェクトを基準に、決まった間隔でオブジェクトが並びます。

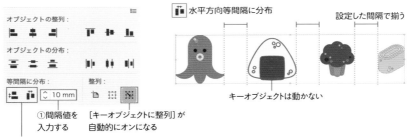

オブジェクトの整列：

オブジェクトの分布：

等間隔に分布：
①間隔値を入力する
②目的の分布をクリックする

整列：
［キーオブジェクトに整列］が自動的にオンになる

水平方向等間隔に分布

設定した間隔で揃う

キーオブジェクトは動かない

いろいろな整列

プロパティ
グループ

変形
X: 89.595... W: 22.255...
Y: 218.218 H: 54.615...
⊿: 0°

アピアランス
塗り
線
不透明度 100%

fx.

整列

パスファインダー

水平方向左に整列

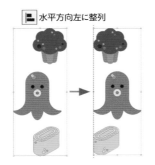

垂直方向中央に整列

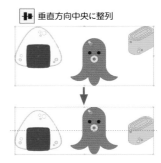

オブジェクトどうしの端や中心を基準に揃えるときは［オブジェクトの整列］を使います。揃えるオブジェクトを［選択ツール］などで選択し、「プロパティパネル」の［整列］から目的の整列のボタンをクリックします。基本的にどの整列も、アイコンのイラストどおりの動きで、選択中のオブジェクトの位置を整えます。

142

基準を決めて整列する

[等間隔に分布] と同様に、[オブジェクトの整列] でもキーオブジェクトを指定できます。選択しているオブジェクトの中から基準にするものをもう一度クリックし、キーオブジェクトを設定してから整列させましょう。

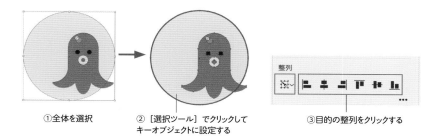

①全体を選択　　②［選択ツール］でクリックして　　③目的の整列をクリックする
　　　　　　　　　キーオブジェクトに設定する

図は、キーオブジェクトを指定してから［水平方向中央に整列］、［垂直方向中央に整列］を順にクリックした例です。アイコンのベースなど、整列の際に動かしたくないものはキーオブジェクトにすると便利です。

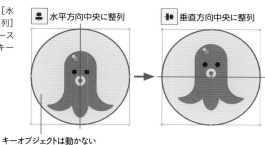

キーオブジェクトは動かない

Point

整列の基準

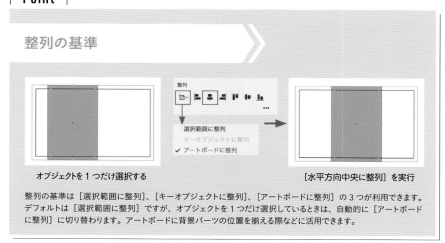

オブジェクトを1つだけ選択する　　　　　　　　　［水平方向中央に整列］を実行

整列の基準は［選択範囲に整列］、［キーオブジェクトに整列］、［アートボードに整列］の3つが利用できます。デフォルトは［選択範囲に整列］ですが、オブジェクトを1つだけ選択しているときは、自動的に［アートボードに整列］に切り替わります。アートボードに背景パーツの位置を揃える際などに活用できます。

LESSON 39 文字の位置を揃えたい

文字のかたちなどを基準に整列・スナップしたいときは［グリフにスナップ］を活用しましょう。テキストオブジェクトをアウトライン化しなくても利用できます。

● ポイント文字については P.57 を参照

文字のかたちで揃える

1 ［グリフにスナップ］は、アウトライン化（パスに変換）していないテキストに対して、オブジェクトやアンカーポイントをぴったりと合わせてくれる機能です。
ここでは揃えたい2つのテキストオブジェクトを、ポイント文字で用意します。［表示］メニュー→［グリフにスナップ］と［スマートガイド］のどちらもオンにします。

少し空いている

ポイント文字の開始位置にあるアンカーポイントで揃えられた状態

2 揃える位置にガイドを配置します。［直線ツール］などで直線を作成・配置して、command（Ctrl）+ 5 のショートカットキーを押すとガイドに変換できます。

［グリフにスナップ］は必ず［スマートガイド］と一緒にオンにしましょう。どちらか片方だけでは利用できません。また、［グリッドにスナップ］がオンのときも無効です。

直線を揃えたい位置に配置 → ガイドに変換

Point

ガイド機能

「プロパティパネル」

ガイドとは、位置や大きさの目印になるオブジェクトのことです。画面上で表示されていても印刷・出力はされません。デフォルトでガイドはロックされていないため、動かしたくないときは［ガイドをロック］を実行しましょう。［表示］メニュー→［ガイド］のほか、何も選択していない状態で［選択ツール］に切り替えると「プロパティパネル」に表示される［ガイド］などからガイドの機能にアクセスできます。

ガイドの表示・非表示　　ガイドのロック・ロック解除

3 [ダイレクト選択ツール] に切り替えて文字の上にカーソルを置くと、文字サイズの境界線や文字のアウトライン上のアンカーポイントなどにスナップします。スナップしたら、テキストオブジェクトを動かして位置を揃えます。

ガイドにスナップさせる

どれか1文字に揃える

1 文章中のどれか1文字にスナップしたいときは、揃えたい文字の上で右クリック（または control（Ctrl）キー＋クリック）してコンテキストメニューの [グリフにスナップ] をクリックします。

ここでは先頭の文字 (D) に揃える

2 強調表示された文字に対してスナップが効くようになります。テキストやオブジェクトを動かして、ガイドを確認しながら位置を揃えましょう。スナップを解除するには、文字の上で右クリックしてコンテキストメニューの [グリフにスナップを解除] をクリックします。

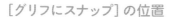

文字の中心にスナップさせる

Point

[グリフにスナップ] の位置

[グリフにスナップ] でスナップできる位置は図のとおりです。デフォルトではすべてオンになっていますが、「文字パネル」の [グリフにスナップ] から個別にオン・オフを切り替えられます。ボタンが表示されていないときは、[文字] パネルメニューの [グリフにスナップを表示] を実行しましょう。

あ 仮想ボディ（上側）
あ 仮想ボディの中心
あ 仮想ボディ（下側）
Ag 字形の境界
A 角度ガイド
A アンカーポイント
Ax ベースライン

こんな夢を見た

145

文字間、行間を整えたい

デフォルト設定で入力したままのテキストでは文字や行の間隔が気になるケースがあります。文字の長さや目的に合わせて整えましょう。

[フォントの持つ情報で文字を詰める]

1 [文字ツール]でクリックして、ポイント文字のテキストオブジェクトを作成します。文字を入力して、「プロパティパネル」で塗りのカラーとフォントファミリ、フォントサイズを自由に設定します。

● テキストオブジェクトの作成については P.54 を参照

> （作例の設定）
> フォントファミリ：貂明朝（Adobe Fonts）
> フォントスタイル：Regular
> フォントサイズ：24pt

ウェイヴ・トゥ・フューチャー

フォントとカラーを変えたが全体が空き気味に見える

2 [ウインドウ]メニュー→[書式]→[OpenType]をクリックして「OpenType パネル」を表示します。[選択ツール]などでテキストオブジェクトを選択してから、[プロポーショナルメトリクス]をオンにします。

3 テキストオブジェクトを選択したまま、「プロパティパネル」の[文字]で[カーニング：メトリクス]にします。フォントの持つ情報によって自動的に文字が詰まります。

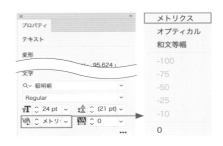

カーニングとは、文字の間隔を調整することを指します。Illustratorでは[カーニング：メトリクス]のみを設定していると、手作業で詰めを調整したときに意図せずカーニングの値が変わることがあります。これを避けるため、[プロポーショナルメトリクス]と[カーニング：メトリクス]は必ずセットで適用しましょう。

ポイント文字の開始位置	
プロポーショナルメトリクス：オフ カーニング：0	ウェイヴ・トゥ・フューチャー
プロポーショナルメトリクス：オン カーニング：0	ウェイヴ・トゥ・フューチャー
プロポーショナルメトリクス：オン カーニング：メトリクス	ウェイヴ・トゥ・フューチャー

［プロポーショナルメトリクス］と［メトリクス］は、どちらもフォントが持っている詰め情報をもとに文字を詰める機能です。ペアカーニング情報を持っているフォントの場合は、［メトリクス］をオンにすることで特定の文字のペアで文字間がさらに調整されます。

［ アプリケーションの処理で文字を詰める ］

詰め情報を持っていないフォントでは［プロポーショナルメトリクス］が設定できないため、［カーニング：メトリクス］にしても見た目が変わらないことがあります。この場合は［文字］で［カーニング：オプティカル］に切り替えましょう。フォントが持つ情報ではなく、アプリケーションが文字のかたちを判断して視覚的に文字を詰めます。

ポイント文字の開始位置	
カーニング：0	ウェイヴ・トゥ・フューチャー
カーニング：メトリクス	ウェイヴ・トゥ・フューチャー
カーニング：オプティカル	ウェイヴ・トゥ・フューチャー

（作例の設定）
フォントファミリ：せのびゴシック
フォントスタイル：Medium
フォントサイズ：24pt

［ 手動で文字の間を整える ］

自動的に文字を詰めても気になる部分は、手作業でさらに微調整しましょう。図のように、［文字ツール］で調整したい文字の間をクリックしてカーソルを入れ、option（Alt）＋←→のショートカットキーを押すと、文字の間を狭めたり広げたりできます。キーを押すたびに、［メトリクス］や［オプティカル］などで自動設定された［カーニング］の値が増減されます。

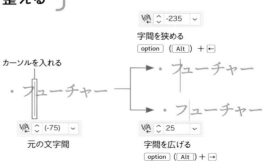

カーソルを入れる

元の文字間

字間を狭める
option（Alt）＋←

字間を広げる
option（Alt）＋→

自動で行間を整える

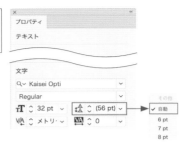

（作例の設定）
フォントファミリ：Kaisei Opti
フォントスタイル：Regular
フォントサイズ：32 pt

1 2行以上の文章で行間を調整するときは、テキストオブジェクトを選択して「プロパティパネル」の［文字］で［行送り］を確認します。カッコ付きの数値が表示されている場合は、［フォントサイズ］に応じて数値が変わる［自動］が設定されています。

2 自動行送りの値を変えるにはテキストオブジェクトを選択したまま、「プロパティパネル」の［段落］で［詳細オプション］をクリックして、パネルメニューから［ジャスティフィケーション］をクリックします。

3 「ジャスティフィケーション設定」ダイアログで［プレビュー］をオンにして、［自動行送り］の値（デフォルトは175%）を指定し、［OK］をクリックします。

Point

［自動行送り］のメリット

砂漠のかなたの
赤いまち

→行送り

文字の上端から次の行の文字の上端までが行送りです。［自動行送り］はこの数値をフォントサイズに対するパーセンテージで指定できます。フォントサイズを変更しても行間のバランスは保たれ、再調整の手間がかかりません。

砂漠のかなたの
赤いまち

T ↕ 32 pt ⌄   ⫶A ↕ (40 pt) ⌄

→

砂漠のかなたの
赤いまち

フォントサイズを変更

T ↕ 20 pt ⌄   ⫶A ↕ (25 pt) ⌄

手動で行間を整える

[自動]の行間

フォントサイズの1.2倍に設定

（作例の設定）
フォントファミリ:Kaisei Opti
フォントスタイル:Regular
フォントサイズ:32 pt

[行送り]に[自動]を設定せず、数値を自由に入力して調整することもできます。フォントにもよりますが、見出しやタイトルなどではフォントサイズの1.2倍ほど、長めの文章では1.5倍〜1.75倍程度を目安に設定します。行送りをフォントサイズよりも小さな値にすると行が重なり、読みにくくなってしまうので避けましょう。

● 入力エリアでの計算については P.138 を参照

行の末尾を揃える

行が複数あるエリア内文字で、行末のがたつきを整えたい場合は、テキストオブジェクトを選択して「プロパティパネル」の[段落]を確認します。デフォルトの[左揃え]から[均等配置（最終行左揃え）]にすると、文字間が調整されて末尾で揃います。

● エリア内文字については P.57 を参照

[段落：左揃え]

月が明るく光る晩、紅い花びらが風に舞う夕方、庭の白ばらがかおる夜。幼いころの父母の面影を思い出して、なつかしく思った。

行末が揃っていない

[段落：均等配置（最終行左揃え）]

月が明るく光る晩、紅い花びらが風に舞う夕方、庭の白ばらがかおる夜。幼いころの父母の面影を思い出して、なつかしく思った。

Point

行揃えの種類

[段落]で設定できる行揃えは全部で7種類あり、アイコンどおりの見た目で文字を揃えます。テキストオブジェクトの種類や体裁に合わせて適切なものを選びましょう。

①左揃え　　②中央揃え　　③右揃え
青い山影　　青い山影　　青い山影

④均等配置（最終行左揃え）　⑤均等配置（最終行中央揃え）
月が明るく光る晩、紅い花びらが風に舞う夕方、庭の白ばらがかおる夜。

月が明るく光る晩、紅い花びらが風に舞う夕方、庭の白ばらがかおる夜。

⑥均等配置（最終行右揃え）　⑦両端揃え
月が明るく光る晩、紅い花びらが風に舞う夕方、庭の白ばらがかおる夜。

月が明るく光る晩、紅い花びらが風に舞う夕方、庭の白ばらがかおる夜。

主にポイント文字で使用　エリア内文字で使用

段落

① ② ③ ④ ⑤ ⑥ ⑦

角度や大きさを
揃えたい

同じ種類のライブシェイプどうしは、プロパティの編集で
大きさや角度などをまとめて変えられます。
複数のアイコンパーツなどをそれぞれ同じ設定で
変形できる［個別に変形］も便利です。

基本図形の大きさを揃える

1 同じ種類の図形で、大きさや角度がそれぞれ異なるライブシェイプ（長方形、楕円形、多角形、直線のいずれか一種類）を［選択ツール］などですべて選択します。「プロパティパネル」の［変形］で［詳細オプション］のパネルを表示し、幅や高さ、角度などに数値を入力すると、選択しているライブシェイプすべてに同じ設定が反映されます。

長方形の例

各オブジェクトの中心を基準に大きさが揃う

2 ライブシェイプの多角形では、［多角形の辺の数］で同じかたちにできます。また、ライブシェイプの直線では、［線の長さ］と［線の角度］をまとめて設定できます。

多角形の例

辺の数が統一され同じかたちに変わる

選択したオブジェクトにライブシェイプ以外の図形が含まれていると、大きさや角度を一括で変更できません。また、オブジェクト全体をグループとして選択している場合も編集はできません。

パーツをまとめて変形する

1 ライブシェイプではないオブジェクトの大きさや角度をまとめて変更するには、［個別に変形］を使います。複数のパーツでできているものはそれぞれグループにしてから、オブジェクトを選択した状態で［オブジェクト］メニュー→［変形］→［個別に変形］をクリックします。

● グループについては P.154 を参照

縦横比を保つときはオンにする

反転の設定

基準点の設定

設定の例

2 「個別に変形」ダイアログでは、拡大・縮小や移動、回転などの変形処理が行えます。［プレビュー］をオンにして、確認しながら設定しましょう。なお、［個別に変形］を使わずに変形すると、選択しているオブジェクト全体が基準の変形となり、結果が異なります。

色味を統一したい

イラスト素材などの色は［オブジェクトを再配色］でコントロールできます。色数の指定や特定の色味でまとめるなどの機能があります。

［ 1色や2色（バイカラー）にする ］

1 色を変えるオブジェクトを用意します。ここではベクターで描いたイラスト素材を使います。［選択ツール］などで全体を選択し、「プロパティパネル」の「クイック操作」で［オブジェクトを再配色］をクリックします。

元のイラスト素材

2 デフォルトでは簡易版のパネルが表示されます。［詳細オプション］をクリックして、「オブジェクトを再配色」ダイアログに切り替えます。

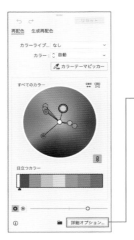

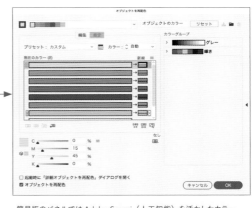

簡易版のパネルでは Adobe Sensei（人工知能）を活かしたカラー編集が可能ですが、できる処理が限られています。カラー値を正確にコントロールするときは［詳細オプション］に切り替えましょう。

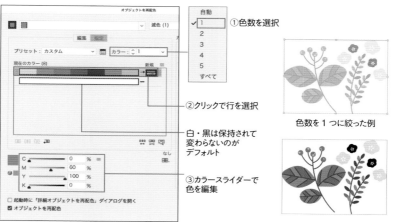

①色数を選択

②クリックで行を選択

白・黒は保持されて
変わらないのが
デフォルト

③カラースライダーで
色を編集

色数を 1 つに絞った例

[カラー：1]にして[K100]を設定
すると、フルカラーのイラストをグレー
スケールに変換できます。

3 ダイアログで[カラー：1]に変更すると、選択オブジェク
トの色がまとまって 1 色になります。[現在のカラー]または
[新規]をクリックして行全体を選択し、カラースライダー
で色を指定すると、選択オブジェクト全体に濃淡がつきます。

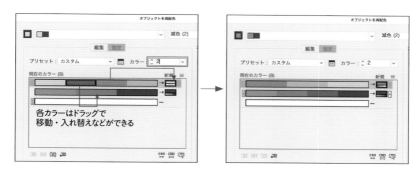

各カラーはドラッグで
移動・入れ替えなどができる

4 同じ手順で[カラー：2]にすると、選択オブジェクトの色
が2色に割り振られます。[現在のカラー]や[新規]のカラー
はドラッグで移動できます。現在のカラーを適用したり、カ
ラー変更をしてバイカラーになるように調整しましょう。

色数を 2 つにした例

パーツを
まとめたい

イラストやアイコンなど、複数のパーツでできているものはグループにまとめましょう。グループ単位で選択できれば、作業もスムーズになります。

［ グループでまとめる ］

1 複数のパーツをひとつのまとまりとして扱うために、グループにします。［選択ツール］などで必要なオブジェクトをすべて選び、以下のいずれかの方法を実行します。

・「プロパティパネル」の［クイック操作］で［グループ］をクリック
・command（Ctrl）＋ G キーを押す
・右クリック（または command（Ctrl）キー＋クリック）でコンテキストメニューの［グループ］をクリック
・［オブジェクト］メニュー→［グループ］をクリック

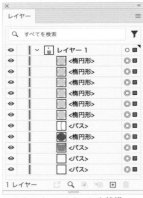

イラストのパーツがバラバラな状態

「プロパティパネル」の
［クイック操作］

コンテキストメニュー

［オブジェクト］メニュー

2 グループにしたオブジェクトは［選択ツール］でクリックするだけで、グループ全体が選択され、移動やサイズ変更、整列などがグループ単位で実行できるようになります。

入り組んだレイアウトになるほど、あとから必要なものをグループにするのは手間がかかります。イラストなどの素材はあらかじめグループにまとめてから全体を組み合わせれば、あとの作業もしやすくなります。作業の要所でグループにするのを忘れないようにしましょう。

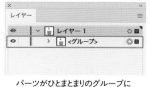

パーツがひとまとまりのグループに

「プロパティパネル」でも［グループ］と表示される

「レイヤーパネル」右側のターゲットアイコンのクリックでもオブジェクトを選択できます。レイヤーやグループ、個別のオブジェクトの選択が可能です。

クリックで選択

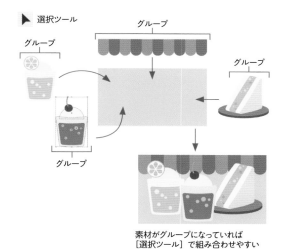

素材がグループになっていれば［選択ツール］で組み合わせやすい

［ グループを解除する ］

グループにまとめたものを解除するには、［選択ツール］などでグループを選択した状態で、以下のいずれかの方法を実行します。

・「プロパティパネル」の［クイック操作］で［グループ解除］をクリック
・ shift + command （ Ctrl ）＋ G キーを押す
・右クリック（または command （ Ctrl ）キー＋クリック）でコンテキストメニューの［グループ解除］をクリック
・［オブジェクト］メニュー→［グループ解除］をクリック

「プロパティパネル」の
［クイック操作］

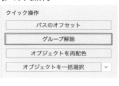

コンテキストメニュー

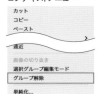

［オブジェクト］メニュー

PART 2 ととのえる ≫ パーツをまとめたい

COLUMN 1　著作権について注意したいこと

制作を行う人にとって、避けて通れないのが著作権の問題です。制作のヒントや素材探しのためにWebを検索し、検索結果に気に入った写真やイラストがあったとしても、それをそのまま自分の制作物に使うことはできません。世の中に発信されているありとあらゆるコンテンツは著作権を有していて、それらを勝手に使うことはできないからです。また、特定の言葉・色の組み合わせ、ロゴや商品名などは商標権で守られていることがあります。無断使用できないのはこれらも同様です。

制作作業を進める上で、素材集やストックフォトなどのサービスを通じて写真やイラスト、フォントなどを利用することがあります。自分が作っていないものを使用するときは、

「許可を取る」 「使用に関する条件を守る」

の2点に注意しましょう。例えば、Web上で「フリー素材」として無償提供されていても、使用に関する条件が厳しく定められているケースもあります。Webでダウンロードできるもの、書籍などのメディアを購入して使用できるものなど、有償・無償を問わず素材の提供形式もさまざまですが、いずれも使用許諾をしっかり確認することが大切です。

使用許諾で確認したい項目の例

▶ 商用・営利目的で利用してもよいか
▶ 加工などの改変を行ってもよいか
▶ モバイル広告やSNS、
　動画などで使用してもよいか
▶ 素材を利用した制作物の
　印刷部数や表示回数に制限はあるか

▶ 使用点数に制限はあるか
▶ 素材そのものの商品化、
　テンプレートへの組み込みが可能か
▶ クレジット表示は必要か
▶ 商標登録は可能か

加えて、素材を活用するときは掲載されている情報の正しさや、間接的に誰かの権利を侵害していないかにも注意が必要です。撮影小物として写っている道具の使い方を誤っていたり、公共ルールが守られていないシーンだったり、誤解を与えかねない写真を使えば制作物全体の信用度が下がる可能性もあります。

また、昨今はAIで生成したイメージや文章を広告等に使用するケースも出てきました。AIの出した結果は常に正しいとは限らず、ルールの整備もまだ完全ではありません。正誤や適切さの判断は、私たち制作者に委ねられていることを忘れないようにしましょう。

PART 3

Illustratorで
[のこす]

制作したデザインは、正しい手順で保存を行いましょう。
ここでは、データの保存や整理で
つまずきがちな点を紹介しています。
また、整理されたデータは
自身で確認するときだけでなく、
他の人にデータを渡す際、
トラブルを回避するためにも重要になります。

データが重い…。
どうしてだろう？

データは
どうやって保存
すればいいの？

デザインで
使っている写真は
どうしたらいい？

保存する／別名保存する

急なクラッシュなどに備えて、作業中のドキュメントはこまめに保存しましょう。作業履歴としてデータを残す場合は、別名保存も活用します。

保存する

1 作成したドキュメントを開いている状態で、[ファイル] メニュー →［保存］をクリックするか、command（Ctrl）＋ S のショートカットキーを押します。

2 ドキュメントを初めて保存するとき、図のようなダイアログが表示されることがあります。作業中のPCにデータを保存するには［コンピューターに保存］をクリックしましょう。

クラウドドキュメントとして保存するときは、［Creative Cloud に保存］をクリックします。

3 「別名で保存」ダイアログでわかりやすい保存場所・名前を設定して、［保存］をクリックします。

4 「Illustrator オプション」ダイアログが表示されたら、[OK]をクリックして完了します。このオプションダイアログでの設定は、指示やルールがある場合を除いて、デフォルトのままで良いでしょう。

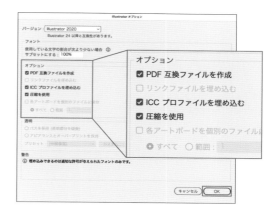

別名保存する

開いているドキュメントを違う名称で保存するには、[ファイル]メニュー→[別名で保存]をクリックするか、shift + command (Ctrl) + S のショートカットキーを押します。ファイル名を変更して、[保存]をクリックします。

Point

保存のタイミングと名称に注意

ドキュメントを新規作成した直後は、まだ保存されていない状態です。ドキュメントを閉じたり、Illustratorを強制終了したりすると作業内容は何も残らず消えてしまいます。作成を始めたら、早めに名前をつけて保存しておきましょう。保存に関するダイアログが表示されるのは初回のみで、それ以降は[保存]のたびにドキュメントが上書きされます。元のドキュメントを残しておきたい場合は、[別名で保存]を利用します。

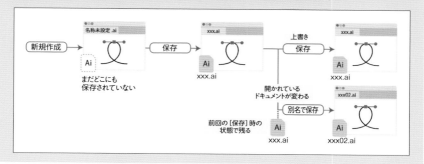

LESSON
45

資料としてPDFで保存したい

PDFが必要なケースでは、保存時のファイル形式でPDFを選択しましょう。トラブル防止のため、[コピーを保存]で保存するのがおすすめです。

複製をPDFとして保存する

1 ドキュメントを開いている状態で、[ファイル]メニュー→[コピーを保存]をクリックするか、option（Alt）+command（Ctrl）+Sのショートカットキーを押します。

2 「コピーを保存」ダイアログで[ファイル形式]を[Adobe PDF（pdf）]にします。「〜のコピー」の名前を変更して、わかりやすい保存場所を設定し、[保存]をクリックします。

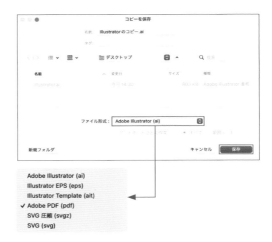

3 「Adobe PDF を保存」ダイアログで、必要に応じてプリセット等を切り替えます。デフォルトを含めたインストール済みのプリセットは［Adobe PDF プリセット］から選択できます。設定が完了したら［PDF を保存］をクリックすると、現在のドキュメントの状態で PDF が保存されます。

Point

PDF 保存は「コピーを保存」を使う

作業中のドキュメントの拡張子は「.ai」で、PDF として保存すると「.pdf」になります。
［ファイル］メニュー→［別名で保存］でも PDF を保存できますが、PDF に変換されたドキュメントが Illustrator 上で開かれた状態になるため、作業を続けても Illustrator ドキュメントには編集内容が反映されません。この場合は、一旦ウインドウを閉じて、作業用の Illustrator ドキュメントをあらためて開き直す必要があります。ミスや作業の遠回りを防ぐためにも、PDF の保存には［コピーを保存］を利用しましょう。

〈Illustrator で作業中〉　　　　　　　　　　　　　〈PDF 保存後〉

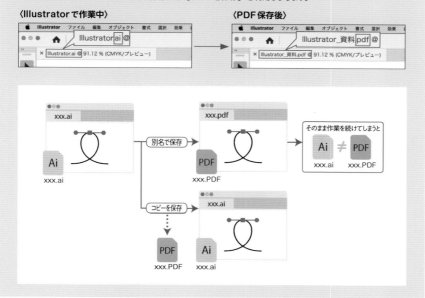

使っている画像をまとめたい

LESSON 46

データの中で使用している画像は［パッケージ］機能で
ひとまとめにできます。ネイティブデータを渡す場合など、
データ整理が必要な場面で活用しましょう。

リンクの状態を確認してまとめる

1 データをまとめる前に、画像
のリンク切れがないか確認しま
しょう。［選択ツール］などで
配置画像をどれかひとつ選択
し、「プロパティパネル」で［リ
ンクファイル］をクリックして
パネルを表示します。

ここではクリッピングマスク
された画像を選択

［ウインドウ］メニュー→［リンク］
で「リンクパネル」を表示すると、
画像を選択しなくても画像の状態
を確認できます。
● 画像のリンクについては
P.89 を参照

2 画像の名前の右側にリンクアイ
コンが表示されていれば問題あ
りません。リンク切れの画像は
配置し直します。
● 配置画像の扱いについては
P.88 を参照

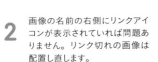

cosmetic_img-03.psd

cosmetic_img-02.psd

cosmetic_img-01.psd

Point

画像が切り抜かれている場合

マスク内の画像が選択できる

画像がクリッピングマスクで切り抜かれている
場合は、クリッピングマスク全体を選んだあとに
「プロパティパネル」で［オブジェクトを編集］
をクリックするとマスク内の画像を選択できま
す。または、［ダイレクト選択ツール］でクリッ
クして、画像のみ選択しても良いでしょう。

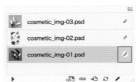

3　［ファイル］メニュー→［パッケージ］をクリックします。「パッケージ」ダイアログで保存場所やオプションなどを設定して、［パッケージ］をクリックします。なお、画像を収集するときは、［リンクをコピー］を必ずオンにしましょう。

保存場所を選択

☑ リンクをコピー

4　［フォントをコピー］がオンのときは、フォントに関するアラートダイアログが表示されます。コピー可能なフォントがある場合のみパッケージされますが、注意内容をよく確認して［OK］をクリックします。

5　パッケージが完了すると、メッセージが表示されます。［OK］をクリックして閉じるか、［パッケージを表示］をクリックして結果を確認しましょう。Illustratorドキュメントと配置画像、オプションによっては、フォントやレポートなどが指定した名前のフォルダーにまとめられています。

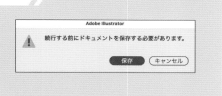

Point

パッケージは保存してから
実行する

［パッケージ］の実行前はドキュメントを保存する必要があります。［ファイル］メニュー→［保存］をクリックするか、command（Ctrl）+ S のショートカットキーを押して保存します。保存せずに［ファイル］メニュー→［パッケージ］をクリックすると、図のようなアラートが表示されるため、［保存］をクリックします。

> **Adobe Illustrator**
> ⚠ 続行する前にドキュメントを保存する必要があります。
> 　　　　　　　　　（保存）（キャンセル）

LESSON 47 途中でサイズを変えるには？

アートボードの大きさはあとからでも変更できます。アートボードのサイズ変更後は、アートワークの大きさも適切に調整しましょう。

アートボードを編集する

1 サイズを変えたいドキュメントを開いている状態で、「プロパティパネル」の［アートボードを編集］をクリックします。

ポストカードのサイズで作成しているドキュメント

アートボードの編集中は
カンバスがグレーで表示される

作業の前に、［別名で保存］、［コピーを保存］などでバックアップ用のドキュメントを残しておくと安心です。
● ［別名で保存］、［コピーを保存］については P.158 を参照

現在のアートボードの大きさ

必要に応じて
変形の基準点を変更する

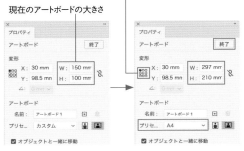

A4 サイズに変更した場合

2 このとき「プロパティパネル」の［変形］に表示されているのが、現在のアートボードの大きさです。数値を直接入力するか、［アートボード］の［プリセット］から目的のサイズを選びます。変更したら、［終了］をクリックします。

アートワークの大きさを整える

1

何も選択していない状態で、「プロパティパネル」の［環境設定］で［線幅と効果を拡大・縮小］をオンにします。レイヤーとオブジェクトのロックがすべて解除されているか確認し、[command]（[Ctrl]）＋[A]のショートカットキーを押してアートワーク全体を選択します。

● ［すべてをロック解除］については P.166 を参照

すべてを選択している状態

2

「プロパティパネル」の［変形］で［縦横比を維持］をオンにして、［幅］または［高さ］に変更後のサイズを入力します。
アートボードと同じサイズにならない場合は、さらに手作業で調整を行いましょう。［線幅と効果を拡大・縮小］はオンのままになっているため、不要ならオフにして操作を続けます。

● 数値の入力については P.138 を参照

②必要に応じて変形の基準点を変更する

③数値を入力する

①オンにする

アートボードの幅に左右の塗り足し 3mm ずつをプラスして入力した例

印刷データの場合は塗り足しが不足しないように調整する

Point

サイズ変更の注意点

サイズ変更を行うときは、次のような点に注意しましょう。

・縮小するとき…［線幅と効果を拡大・縮小］オンで線幅が細くなりすぎていないか
・拡大するとき…配置画像の解像度が不足していないか

アートボードとアートワークのサイズ変更は、現在のドキュメントに対して大幅に編集を加えることになります。サイズは何度でも変更できますが、注意点が多いため慎重に作業しましょう。新規ドキュメントを作成する時点で、誤ったサイズで作成していないか、作業途中でサイズ変更の可能性はないかなどをしっかり確認することも大切です。

● 配置画像の解像度の確認方法については P.168 を参照

LESSON 48

データが重くなるのはなぜ？

データが重くなる原因はいくつか考えられますが、不要なオブジェクトを整理する、配置画像の解像度を適正にするなどの方法で対策できます。

不要な非表示オブジェクトを整理する

1 「レイヤーパネル」で非表示のレイヤーがないか確認します。レイヤーを展開し、レイアウトに不要ならレイヤーごと削除しましょう。不要なレイヤーの行をクリックで選択してから［選択項目を削除］をクリックします。オブジェクトの含まれるレイヤーを削除する場合はアラートダイアログが表示されますが、［はい］をクリックして続行しましょう。

作業中のドキュメント

①非表示のレイヤーを確認する
③クリックしてレイヤーを選択

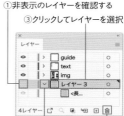

②クリックして　④クリックして
レイヤーを展開　レイヤーを削除

2 表示されているレイヤーにも不要なオブジェクトがないかを確認します。すべてのレイヤーのロックが解除されている状態で、［オブジェクト］メニュー→［すべてをロック解除］／［オブジェクト］メニュー→［すべてを表示］を順番に実行します。非表示オブジェクトが表示されたら、不要かどうかを確認して［delete］（［Back space］）キーを押して削除します。

②クリックして実行

①ロックが解除されているのを確認

③クリックして実行

表示されたオブジェクトが
不要なら削除する

アートボード外の不要なオブジェクトを削除する

1 レイヤーとオブジェクトがすべて表示・ロック解除されている状態で、アートボード上の必要なものだけを[選択ツール]で選択します。

アートボード外にあるオブジェクト

メニューがグレーアウトしていればオブジェクトがすべて表示・ロック解除されている

必要なもののみ選択　アートボード

2 [選択]メニュー→[選択範囲を反転]を実行すると、アートボードの周囲にあるオブジェクト類がすべて選択されます。確認してから [delete]（[Back space]）キーを押して削除しましょう。

オブジェクトを削除するのが不安な場合は、カットしてから新規ドキュメントにペーストし、削除しても問題ないかを確認すると良いでしょう。

1 で選択していない不要なオブジェクト。確認して削除

Point

ガイドを非表示にする

ドキュメントの塗り足しを示すガイドや、レイアウト用に作成したガイドは画面上で見えていても印刷されないため、無理に削除する必要はありません。

作業のため一時的に非表示にしたいときは[表示]メニュー→[ガイド]→[ガイドを隠す]を実行しましょう。または、何も選択していない状態で「プロパティパネル」の[クリックしてガイドを非表示]のクリックでも表示を切り替えられます。

塗り足しを示すガイド

レイアウト用のガイド

クリックしてガイドを非表示

配置画像の解像度を確認する

1 リンク画像を選択して、「プロパティパネル」の［リンクファイル］で表示されるパネルで［リンク情報を表示］をクリックし、［拡大・縮小］の値を確認します。極端に低いパーセンテージの場合、レイアウト上のサイズに対して元画像のサイズが大きすぎる可能性があります。

レイアウト上の画像サイズ

リンク情報を表示

パーセンテージを
確認する

2 サイズが適正でない画像は、Photoshopなどのアプリケーションで編集します。印刷用途のデータでは［PPI:350］前後、［拡大・縮小：80〜100％］程度になるよう調整するのが目安です。なお、編集後は画像の差し替え、または更新を忘れずに行いましょう。

● 画像の扱いについては P.88 を参照

Photoshop の［画面解像度］で
調整した例

埋め込み画像の場合も、高解像度で数が多くなるほどデータが重くなるので注意しましょう。

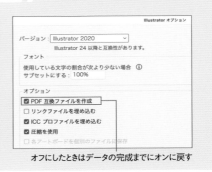

画像の更新後、
［PPI］と［拡大・縮小］が
適切な状態になった

Point

［PDF互換ファイルを作成］の
オン・オフ

ドキュメントの保存に時間がかかる原因のひとつが、［PDF互換ファイルを作成］オプションです。デフォルトでオンになっているため、配置画像が多く、解像度に依存する効果を多用している場合などは特に時間がかかります。

こまめな保存の妨げになる場合は一時的にオフにしても問題ありませんが、作業終了後はオンに戻しておきましょう。［PDF互換ファイルを作成］オプションは、［別名で保存］または［コピーを保存］をクリックして、「Illustratorオプション」ダイアログで設定します。

オフにしたときはデータの完成までにオンに戻す

LESSON 49

印刷物を作るときの注意点は？

印刷向けデータの制作はトラブル予防のための注意点が複数あります。ここでは、品質維持などのために最低限気をつけたい事柄を紹介します。

カラーモードは CMYK にする

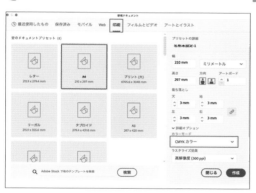

ファイル名の右側にも
カラーモードが表示される

1 印刷向けのデータでは、ドキュメントのカラーモードに CMYK を選択する必要があります。新規作成時は「新規ドキュメント」パネルの［印刷］タブでプロファイルを選択します。［カラーモード：CMYK カラー］のほか、印刷向け設定がデフォルトになっているため、スムーズに作業を始められます。

2 配置画像とドキュメントのカラーモードは、一致させるのが基本です。印刷向けのデータでは、画像も CMYK に統一します。「プロパティパネル」でリンク情報を表示して、［カラースペース］を確認します。

●リンク情報の確認方法については <u>P.168</u> を参照

印刷データで避けたいカラー

CMYK のインキ 4 色を使ったフルカラー印刷のデータで避けたいカラーは以下のようなものです。再確認の手間がかかる、きれいに刷れないなど、いずれも印刷工程でトラブルになりやすいものです。特色スウォッチは使わない、濃すぎるカラーを調整する、4 色に割れたブラックは [K100] をあらためて設定し直す、などの対策が必要です。

・特色スウォッチを指定したカラー
・CMYK の合計値が 250 ～ 360%を超えるカラー※
・4 色に割れたブラック

※ CMYK の合計値を総インキ量（TAC 値）と呼びます。
限界値は印刷仕様にもよりますが、一般的な商業印刷では 300 ～ 360%程度が目安とされています。

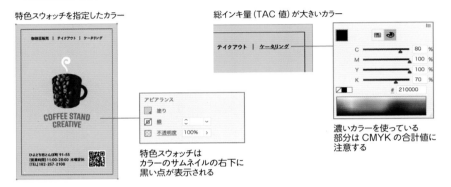

特色スウォッチを指定したカラー

特色スウォッチは
カラーのサムネイルの右下に
黒い点が表示される

総インキ量（TAC 値）が大きいカラー

濃いカラーを使っている
部分は CMYK の合計値に
注意する

4 色に割れたブラック

4 色に割れたブラックは
RGB の素材を配置したときに
生成されやすい

Point

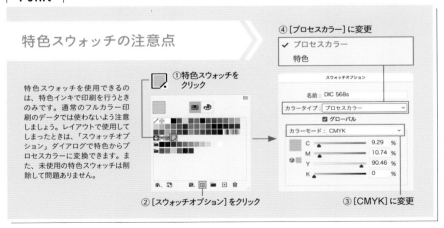

特色スウォッチの注意点

特色スウォッチを使用できるのは、特色インキで印刷を行うときのみです。通常のフルカラー印刷のデータでは使わないよう注意しましょう。レイアウトで使用してしまったときは、「スウォッチオプション」ダイアログで特色からプロセスカラーに変換できます。また、未使用の特色スウォッチは削除して問題ありません。

① 特色スウォッチをクリック

② [スウォッチオプション] をクリック

③ [CMYK] に変更

④ [プロセスカラー] に変更

塗り足しを確認する

1 [選択ツール] に切り替え、何も選択していない状態で「プロパティパネル」の [クイック操作] で [ドキュメント設定] をクリックすると、現在のドキュメントに設定されている塗り足しを確認できます。一般的な印刷物の塗り足しは3mmで、印刷向けのプロファイルでドキュメントを作成していれば、デフォルトで [裁ち落とし] の天地左右に設定されています。

2 画面上で表示されている黒い線がアートボード、その周囲の赤いガイドが [裁ち落とし] の部分です。背景用のパーツなどは、裁ち落としのエリアまで広げて作成します。オブジェクトの幅・高さに加えて、このガイドも目安にしましょう。

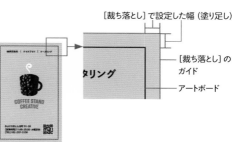

[裁ち落とし] で設定した幅 (塗り足し)

[裁ち落とし] のガイド

アートボード

Point

塗り足しとトリムマーク

印刷物は仕上がりサイズよりも大きな用紙に印刷を行い、複数枚に重ねて断裁します。レイアウトの天地左右を少し大きく作る必要があるのは、断裁時のずれを考慮するためです。仕上がりサイズよりも大きく作った部分を「塗り足し」、どこを断裁するかを示すパーツを「トリムマーク（トンボ）」と呼びます。

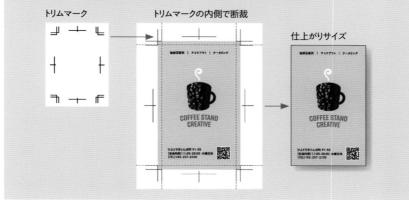

トリムマーク　　　　トリムマークの内側で断裁　　　　仕上がりサイズ

データのとりまとめ方が知りたい

ファイル名やフォルダの構造など、データの管理でも守るべきポイントがいくつかあります。きちんと整理された作業データは、異なる環境への受け渡しもスムーズです。

注意したいファイル名

1 作成したデータを別の環境で開く場合は、Illustrator のドキュメントやレイアウトで配置する画像ファイルの名称に注意しましょう。文字化けは、OS や言語の違う環境でデータを開いたり、データを圧縮・解凍したりすると発生することがあります。リンクで配置した画像のファイル名が文字化けすると、ドキュメントが参照先を失ってリンク切れが発生してしまうので注意しましょう。

(例)

Windows 環境で作成したデータを zip 圧縮

Mac 環境で解凍すると、一部文字化け

文字化けによりリンク切れが発生

2 最もトラブルが起きにくいのが、「半角の英数字・ハイフン・アンダースコア」を組み合わせて作る名称です。丸数字・ローマ数字のような全角の記号類、半角カタカナ、半角のスラッシュやドット、スペースなどは使わないようにします。長すぎず、何のデータかすぐわかることも重要です。

トラブルの起きにくいファイル名の例

圧縮・解凍を行うツールには、圧縮時に文字化けの発生を予防したり、解凍時のエンコーディングを選択できたりするものもあります。データをやりとりする環境に合わせて活用しましょう。

リンク画像の保存場所

Illustrator のドキュメントと配置画像は、基本的に同じフォルダ内に保存します。同じ階層なら管理しやすいだけでなく、リンク切れが発生したときもすぐに対象のファイルを見つけられます。なお、画像がどこに保存されていてもリンク画像として配置できますが、名称の変更やファイル移動などを行うとリンクが切れてしまいます。これを防ぐために、レイアウトが確定した時点で［ファイル］メニュー→［パッケージ］で整理すると良いでしょう。

● パッケージについては P.162 を参照

データ管理の例

履歴や素材などはサブフォルダにまとめる

リンク画像　フォルダ直下は
作業に必要なデータのみ

アウトラインや分割の注意点

作業の引き継ぎや印刷所へのデータ入稿を行うとき、テキストオブジェクトのアウトライン化や、アピアランス分割などを求められることがあります。フォントなどが揃っていない環境で Illustrator ドキュメントを開くと、体裁が変わってしまうためです。

同じフォントがない環境で開くとアラートが表示される

制作したデータ

別環境で開いたときのデータ

正しくフォントが
表示されない

1 アウトライン・分割の処理は、［アピアランスを分割］→［アウトラインを作成］の順がおすすめです。非表示・ロックされたオブジェクトがないのを確認してから command（Ctrl）＋ A のショートカットキーで全体を選択し、［オブジェクト］メニュー→［アピアランスを分割］を実行します。

● ロックや非表示の解除については P.166 を参照

2 同様に、［書式］メニュー→［アウトラインを作成］を実行します。テキストの再入力や効果の編集ができなくなりますが、異なる環境でも見た目を崩さずに Illustrator ドキュメントを開けるようになります。

アウトライン・分割はどちらもドキュメントの構造を大きく変える処理です。体裁が変わっていないか、実行後にしっかり確認しましょう。

［アピアランスを分割］と［アウトラインを作成］はどちらも［取り消し］以外では元に戻すことができません。レイアウト全体に実行するときは、事前にバックアップのドキュメントを残しておきましょう。

覚えておくと便利な ショートカットキー一覧

コマンド（機能）	MacOSX	Windows
新規ドキュメントを作成する	command + N	Ctrl + N
ドキュメントを開く	command + O	Ctrl + O
ドキュメントを閉じる	command + W	Ctrl + W
ドキュメントを保存する	command + S	Ctrl + S
別名で保存する	shift + command + S	shift + Ctrl + S
複製を保存する	option + command + S	Alt + Ctrl + S
取り消し	command + Z	Ctrl + Z
やり直し	shift + command + Z	shift + Ctrl + Z
カット	command + X	Ctrl + X
コピー	command + C	Ctrl + C
ペースト	command + V	Ctrl + V
全てを選択する	command + A	Ctrl + A
ズームイン	command + ＋または＝	Ctrl + ＋または＝
ズームアウト	command + －	Ctrl + －
選択したオブジェクトのグループ化	command + G	Ctrl + G
選択したオブジェクトのグループ解除	shift + command + G	shift + Ctrl + G
塗りと線を切り替える	X	X
クリッピングマスクの作成	command + 7	Ctrl + 7
クリッピングマスクの解除	option + command + 7	Alt + Ctrl + 7
スマートガイドの表示／非表示	command + U	Ctrl + U
倍率100%で表示	command + 1	Ctrl + 1
環境設定ダイアログを開く	command + K	Ctrl + K

※ここに掲載しているのはデフォルトのショートカットです。
　カスタマイズしている場合や、使用しているキーボードの種類・設定によってはこの限りではありません。

知っておきたい
Illustratorの
基礎知識

Illustratorにはじめて触れるときに役立つ、
基礎知識の解説です。
画面の見方やツールの紹介をはじめ、
本書のPART1〜3の理解度を高めるためにも
知っておきたいことを解説しています。
ここからはじめる方はもちろん、
少し操作に慣れて来たと感じる方も参考にしてください。

画面の見方

Illustrator を操作するにあたって、まずは画面の見方を覚えておく必要があります。ここでは、Illustrator を起動したあとの操作で表示される各種画面や、それぞれの主だった機能などについて解説していきます。基本的には3 以下の 3 つの画面を順番に使うようになります。

〔 ホーム画面 〕

Illustrator を初めて起動したときに表示されるのがこの画面です。作業の起点として便利な画面ですが、使わなくても特に困らないものですので、慣れてきたら環境設定で省略するようにしておいてもいいでしょう。

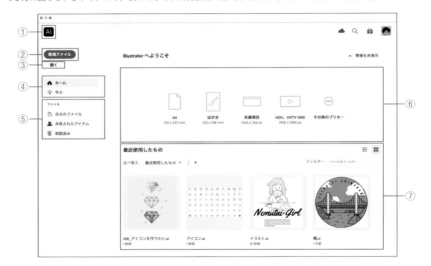

①Illustrator アイコン

このアイコンをクリックすると、ホーム画面を閉じて Illustrator のワークスペースに切り替わります。

③開く

Illustrator ファイルを開くためのダイアログを表示します。既存のファイルを開いて続きを作業したいときは、ここをクリックします。

⑤ファイル

Creative Cloud のサーバーに保存した Illustrator ドキュメント（クラウドドキュメント）が表示されます。

②新規ファイル

新規ドキュメントを作成するための設定画面を開きます。新しく作業を始めるときは、まずここからスタートしましょう。

④ホーム／学ぶ

「ホーム」はこの画面です。「学ぶ」を選ぶと Adobe 公式のチュートリアルや、学習用コンテンツなどへのリンクが表示されます。

⑥プリセット

新規ドキュメントを作成するためのプリセットを選べます。［その他のプリセットト］をクリックすると、新規ドキュメント画面に移ります。

⑦最近使用したもの

Illustrator で作業したファイルの履歴が自動的に表示されます。ここから目的の項目を選ぶことで、既存のドキュメントを開いて作業を再開できます。

新規ドキュメント

ホーム画面で［新規ファイル］をクリックするか、［ファイル］メニュー→［新規］を選ぶと表示されます。作業を開始するにあたって、無地のドキュメントを新しく用意するために使います。プリセットから作業の用途に応じたフォーマットを選んだり、自分でアートボードの大きさや数、単位、カラーモードなどを自由に設定できます。

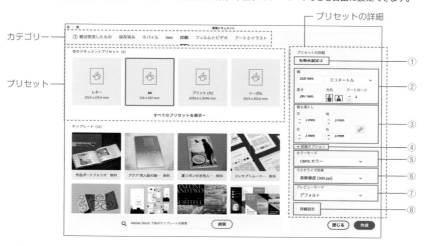

カテゴリーとプリセット

「プリセット」とは、新規ドキュメントの設定を保存して用途ごとに分けたものです。上部のタブでカテゴリーを選ぶと、それに応じたプリセット一覧が下に表示されます。目的のプリセットをクリックすると、決まった内容の新規ドキュメント設定を簡単に呼び出すことができます。

プリセットの詳細

これから作成する新規ドキュメントの設定をここで行います。自分で自由に設定できるのはもちろん、プリセットを選んで各項目を自動的に設定もできます。下部の［作成］をクリックすると、設定に基づいた新規ドキュメントが作成されます。

①ドキュメント名	新規ドキュメントの名前を設定します。
②アートボードと単位	アートボードの大きさや数、使用する単位などを設定します。
③裁ち落とし	アートボードの周囲に指定したサイズの「裁ち落とし」ガイドを追加します。「裁ち落とし」とは、印刷物の裁断誤差を考慮した余白のことですが、日本では［3mm］が基本です。裁ち落としが不要な場合は［0］にしておくといいでしょう。
④詳細オプション	これをクリックすると、さらに詳しい設定項目が開きます。
⑤カラーモード	ドキュメントのカラーモードを指定します。印刷物の原稿をつくるときは［CMYK カラー］、それ以外では［RGB カラー］にするといいでしょう。
⑥ラスタライズ効果	ドキュメントで扱うラスターデータの解像度を指定します。印刷物のときは［高解像度（300ppi）］、デジタルのアートワークでは［スクリーン（72ppi）］にしておくのが基本です。
⑦プレビューモード	画面の表示モードを設定します。基本的に［デフォルト］で問題ありません。
⑧詳細設定	旧来の新規ドキュメントダイアログを開きます。設定できる内容はほぼ変わりません。

作業画面（ワークスペース）

実際に作業をする画面です。作業の道具であるツール類、設定などを変更するためのパネル類、操作を実行するためのメニューバーなど、作業に必要な情報が表示されます。Illustrator を使っている時間の大半はこの画面で過ごすことになります。

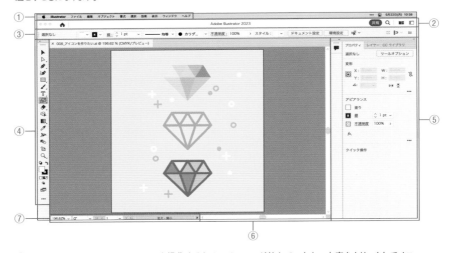

①メニューバー　Illustrator を操作するためのメニューが並んでいます。文字をクリックしてメニュー一覧を開き、目的のコマンドを選択して処理を実行します。Windows 版では、アプリケーションバーに統合されています。

②アプリケーションバー　ワークスペースの切り替えや検索、クラウドドキュメントの共有などが配置されたエリアですが、基本的にほとんど使いません。Windows 版では、メニューバーがここに統合されています。

③コントロールパネル　よく使う設定項目などが表示されます。選択したオブジェクトやツールなど、そのときの状況によって表示内容が変わるので便利です。最初は隠れていますが、［ウィンドウ］メニュー→［コントロール］で表示しておくといいでしょう。

④ツールバー（左ドック）　作業で使う道具となるツール一式が配置されています。目的のツールをクリックして切り替えることで、さまざまな作業を行うことができます。ツールパネルと呼ばれることもあります。

⑤パネル（右ドック）　機能のカテゴリーごとに設定項目を分類した「パネル」がまとまったスペースです。初期状態では［プロパティパネル］が表示されていますが、タブをクリックして別のパネルに切り替えができます。

⑥ドキュメントウィンドウ　作業中のドキュメントが表示されるエリアで、ここがメインの作業スペースとなります。基本的に、このエリアで表示されている内容に対して編集作業を行います。

⑦ステータスバー　左から、現在の画面の表示倍率、画面の表示角度、アクティブなアートボードの番号、カスタムのステータスを表示します。カスタムのステータスは右の三角アイコンをクリックして、希望の内容に切り替えできます。

メニュー、ツールを使う

メニューバーの使い方

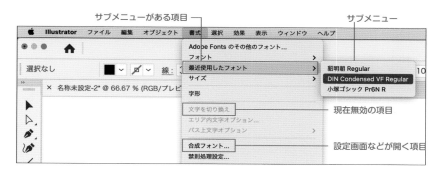

画面最上部（Windows ではアプリケーションバー内）にある文字をクリックし、表示されたメニューから希望のコマンドを選ぶことで Illustrator の基本的な操作ができます。

右向き三角形が表示されている項目は、階層構造のサブメニューがあり、グレーアウトしている文字は、現在使えないコマンドです。項目名の最後に「...」がついているものは、実行したら何らかの設定画面が開くことを意味しています。また、右にある英数字と記号の組み合わせは、そのコマンドに対応したキーボードショートカットです。

ツールバーの使い方

基本　　詳細

ツールバーの表示方法について

標準で画面左端に表示されている［ツールバー］には、Illustrator の作業で使う道具（ツール）が収められており、ここから必要なものを選択して使います。初めて起動したときは一部のツールしか表示されていませんが、［ウィンドウ］メニュー→［ツール］→［詳細］を選択すると、すべてのツールを利用できるようになります。

列数の変更

ツールバーの上にある「≫」「≪」をクリックすると、ツールの表示を 1 列と 2 列で切り替えできます。画面のサイズが小さく、高さ的に全てのツールを表示しきれないときは 2 列にしておくといいでしょう。逆に、画面サイズに余裕があるときは 1 列にしておくのがおすすめです。

よく使うツール10選

Illustrator には現在 80 種類以上のツールがありますが、すべての機能を把握するのは大変です。最初のうちは日常的によく使うツールだけチェックしておくので大丈夫です。ここでは、一般的によく使われるツールを厳選して解説しています。なお、ツールの名称がわからないときは、アイコンにマウスカーソルを合わせてしばらく止まっていると、ツールヒントやツールチップが表示されます。

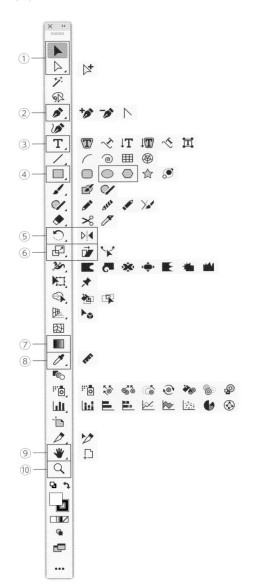

①選択ツール／ダイレクト選択ツール

編集対象を選択、移動するツールです。［選択ツール］はオブジェクトやグループ単位、［ダイレクト選択ツール］はアンカーポイントやセグメント単位での選択、移動ができます。最もよく使われるツールのひとつです。

②ペンツール

直線や曲線を描くために用いるツールです。Illustrator では「ベジェ曲線」と呼ばれる特徴的な方式で線を描画しますが、そのベジェ曲線を作成するのがこの［ペンツール］です。扱うには慣れが必要で少しハードルの高い機能ですが、使いこなすとどのような形でも綺麗に描画できる強力なものです。

③文字ツール

文字オブジェクトを作成するのに使います。クリックして単独の文字を入力したり、ドラッグして作成したエリアの中に文字を流し込むように入力することもできます。shift ＋クリック（ドラッグ）で縦書きにすることも可能です。

④長方形ツール／楕円形ツール／　　多角形ツール

長方形や楕円形、多角形などの基本図形を作成できます。ドラッグして直接描画したり、クリックして数値入力による正確な描画もできます。作図する上で頻繁に使うツール類です。

⑤回転ツール／リフレクトツール

選択したオブジェクトを回転したり、反転するツールです。ドラッグで自由に傾きを変更したり、ツールをダブルクリックして数値による正確な回転や反転を行うこともできます。

⑥拡大・縮小ツール／シアーツール

選択したオブジェクトの大きさを変えたり、傾けたりするツールです。ドラッグで自由に大きさや傾きを変更したり、ツールをダブルクリックして数値による正確な変形を行うこともできます。

⑦グラデーションツール

オブジェクトの塗りにグラデーションを設定し、そのグラデーションを編集するツールです。ツールを選んでいるときは、オブジェクト上にグラデーションガイドが表示され、それを使ってカラーや角度、分岐点などを直感的に編集できます。

⑧スポイトツール

クリックしたオブジェクトのカラーや線などの設定、文字属性をコピーするときに使います。コピーした設定や属性は、別のオブジェクトに移植可能です。

⑨手のひらツール

ドキュメントをスクロールするために使うツールです。このツールでドキュメントをドラッグすると、自由に表示領域を移動できます。なお、他のツールを選択している最中でも space を押している間は一時的に［手のひらツール］に切り替えることができます。

⑩ズームツール

ドキュメント上を左右にドラッグすることで、画面表示の倍率を変更できます。クリックしたりドラッグで囲むことでも同様のことができます（ズームアウトしたいときは option を押しながら操作します）。詳細を見るために一部分を拡大表示したり、全体を俯瞰して眺めるために縮小表示するなど、編集作業において頻繁に使います。

隠れているツールを使う

長押し or
右クリック

アイコンの右下に小さな三角マークがついたツールがあります。これは関連する別のツールが隠れていることを表しており、アイコンを長押し（または右クリック）すると隠れていたツールを表示できます。また、ツールのアイコンを option （ Alt ）＋クリックすると、順番にツールを切り替えることも可能です。

パネルを使う

「パネル」とは、機能ごとに設定項目を分類した小さなウィンドウのことです。文字関連は［文字パネル］、カラー関連は［カラーパネル］というように、大小さまざまな種類があります。

プロパティパネルについて

インストール直後は、画面の右側に［プロパティパネル］が表示されています。このパネルは、設定項目がその時々の状況によってフレキシブルに変化する便利なものです。簡単な作業ならここだけで設定が完了するので他のパネルは不要な気もしますが、より細かい設定が必要になったときは、それぞれの目的に応じたパネルを使い分ける必要が出てくるため、その他のパネルに関しても基本的な使い方は覚えておきましょう。

［プロパティパネル］は、現在の状況に対して必要と考えられる設定項目の一部をピックアップして表示します。各セクションの右下にある「…」をクリックすると、残りの項目を表示したり、対応したパネルを開くこともでき、省略されている機能へアクセスも可能です。また、よく使う機能をボタン化した「クイック操作」の項目もあり、どこに何があるのかわからない初心者の人にとっては使いやすいものと言えるでしょう。

選択ツール
（図形選択時）

クイック作業

文字ツール
（文字選択時）

目的のパネルを操作する

パネルは［ウィンドウ］メニューから目的のパネルを選んで表示します。表示中のパネルは、メニュー項目の左にチェックマークがつき、もう一度選択するとパネルは隠れます。ほとんどのパネルは、タイトルバー、タブ、内容で構成されており、タブの左端にある『◇』をクリックするごとに表示項目の簡略化と全表示の切り替えができます。タブの右側にあるハンバーガーアイコン（三本の横線）をクリックするとパネルメニューが開き、パネルの拡張的な機能を利用できます。また、タイトルバー右端にある「≪」をクリックすると、パネルをアイコン化できます。アイコンをクリックするか、もう一度「≪」をクリックすると元に戻ります。パネルの下部に帯があるものは、ドラッグするとサイズ変更ができます。

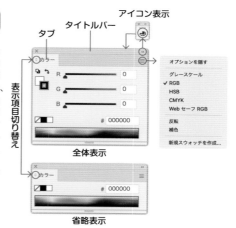

全体表示

省略表示

複数のパネルを合体する

パネルのタブをつかんでドラッグし、別のパネルのタブに重ねてドロップすると「スタック」という状態になります。複数のパネルが重なった状態です。スタックしたパネルはタブをクリックすると内容が切り替わります。また、別のパネルの上下左右に近づけてドロップすると「グループ」という状態になり、複数パネルを並べて表示できます。いずれも、タブを外側へドラッグすることで元の切り離した状態に戻せます。なお、パネルをドラッグして合体できる位置にくると、対象となる場所に青いマーカーが表示されます。

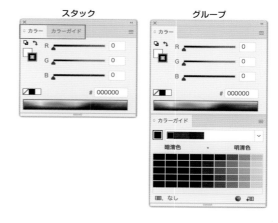

スタック　　　　グループ

パネルを固定する

自由に位置を動かせる状態のパネルを「フローティング」といいますが、ドキュメントウィンドウの左右にある「ドック」と呼ばれるスペースに固定することも可能です。これを「ドッキング」と言います。パネルのタブをドック付近へドラッグで近づけ、青いマーカーが表示された位置でドロップするとドッキングになります。フローティングに戻す時は、ドッキングされたパネルのタブを、大きく外側へドラッグします。

フローティング　　ドッキング　　ドック

環境設定について

環境設定には、Illustrator の挙動を変更できる数多くの項目があり、自分の作業スタイルに応じてカスタマイズができます。初期設定のままでも問題ありませんが、不便に感じることがあれば環境設定で対応できる項目がないかチェックするといいでしょう。環境設定は、[Illustrator]メニュー（[編集] メニュー）→ [環境設定] から目的のカテゴリーを選択して開きます。

おすすめカスタマイズ

画面の明るさを変更
[ユーザーインターフェイス] → [明るさ]

初期状態の Illustrator では、画面全体が暗いグレーをベースとした色合いになっています。これが見づらいと感じたときは、ここでグレーの色合いを変更しましょう。初期設定は [やや暗め] ですが、本誌では紙面上での見やすさを考慮してすべて [明] で統一しています。

一定時間ごとに自動保存
[ファイル管理]→[ファイル保存オプション]

[ファイル保存オプション] の [復帰データを次の間隔で自動保存] をオンにすると、作業中にデータを自動的にバックアップしてくれます。もし Illustrator がクラッシュして強制終了した場合、起動し直すと自動保存したデータが復元されます。データの損失を防ぐためにもぜひ有効にしておくことをおすすめします。

ホーム画面を無効

［一般］→［ドキュメントを開いてないときにホーム画面を表示］

Illustrator を起動した直後に表示される
ホーム画面ですが、慣れてくるうちに使わ
なくなってきます。好みにもよりますが、基
本はオフにしておくといいでしょう。なお、
オフにしていても［アプリケーションバー］
左端の家アイコンをクリックすれば、いつ
でもホーム画面は表示可能です。

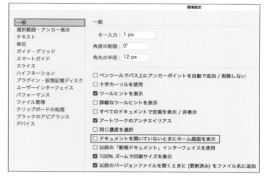

選択時にアンカーポイントを表示

［選択範囲・アンカー表示］→［選択ツールおよびシェイプツールでアンカーポイントを表示］

☑ 選択ツールおよびシェイプツールでアンカーポイントを表示

オフ（初期設定）

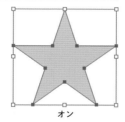

オン

初期設定では、選択したパスオブジェクトの
アンカーポイントを確認するには［ダイレクト
選択ツール］を選ぶか、バウンディングボッ
クスを無効にする必要があります。この設定
をオンにすると、［選択ツール］の状態でもアン
カーポイントを表示できます。

100% ズーム時の基準を変更

［一般］→［100%ズームで印刷サイズを表示］

この項目をオンにすると、データ上で 100mm のオ
ブジェクトを拡大率 100%で表示したとき、ディスプ
レイ上での大きさも実測で 100mm となるように表
示できます。印刷物のデザインをするときはリアルな
サイズ感がわかるので便利ですが、ウェブやアプリな
どのデザインに使っているときは、1 ピクセルの基準
サイズが変わってしまうので少し問題があります。印
刷物ではオン、ウェブやアプリなどではオフというよ
うに使い分けるといいでしょう。

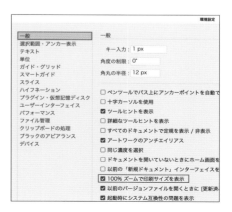

新規ドキュメントの作成の流れ

一般的なハガキサイズの印刷物を作るケースを例に、Illustrator の起動から新規ドキュメントの作成、保存までを実践してみましょう。作業時によく使う機能として、アートボードとレイヤーについても解説しています。

1 Illustrator を起動

まず Illustrator を起動します。初期状態では、この時点でホーム画面が表示されますので［新規ドキュメント］をクリックして、新規ドキュメントの作成へ移ります。環境設定でホーム画面を無効にしているときは、［ファイル］メニュー→［新規］を選択しましょう。

2 新規ドキュメントを作成

今回は A4 のプリセットをベースに、ハガキ用の新規ドキュメントを作ります。カテゴリーから［印刷］を選び、[A4]のプリセットをクリックします。［プリセットの詳細］に A4 の設定が読み込まれるので［幅：100mm］、［高さ：148mm］として、ハガキのサイズにします。あとの設定はそのまま変更しなくて OK です。［作成］をクリックすれば、ハガキサイズの新規ドキュメントが作成されます。

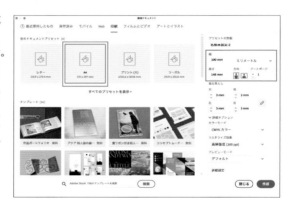

3 アートボードを操作

Illustrator のドキュメントには、必ず 1 つ以上の「アートボード」と呼ばれる枠があります。印刷物で言えば、用紙にあたるエリアです。周囲に表示された赤枠は、裁ち落とし（印刷の裁断ズレを考慮した余白）の範囲です。アートボード外のエリアは、「カンバス」や「ペーストボード」と呼ばれます。どのエリアにも自由にオブジェクトを置くことはできますが、基本的にデザインはアートボードの中にレイアウトしていくことになります。アートボードの操作には、［アートボードパネル］や［アートボードツール］を使います。

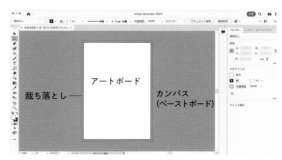

186

●アートボードの追加と削除

追加　削除

アートボードの数はいつでも自由に変更できます。[アートボードパネル]を開き[新規アートボード]をクリックすると、現在と同じサイズのアートボードが横に追加されます。削除するには、削除したいアートボードを選択し、[アートボードを削除]をクリックします。 shift +クリックで複数のアートボードを選択して一気に削除も可能です。

●アートボードの設定

[アートボードパネル]で、アートボード名の右にある用紙のようなアイコンをクリックすると、「アートボードオプション」が開きます。ここでは、アートボードの大きさをはじめとするさまざまな設定を変更できます。

●アートボードの並べ替え

アートボードの数が多くなって、配置を整理したいときは、[アートボードパネル]の[すべてのアートボードを再配置]をクリックして、1列あたりの数と間隔、並べる方向を指定しましょう。すべてのアートボードを整列した状態に並べ替えができます。

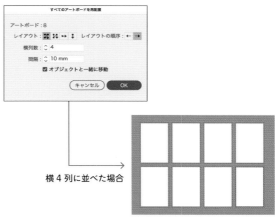

横4列に並べた場合

4 レイヤーを操作

複雑なデータを作っていると、オブジェクトの数が膨大になります。これらを種類ごとに分類するのが「レイヤー」の主な役割です。例えば、多くの商業施設では1階に食料品、2階に雑貨、3階に衣料品というように、商品を種類ごとに分類して同じフロアに集めています。これと同じように、「背景」「パーツ」「写真」「文字」など、オブジェクトの種類ごとに別レイヤーに分類しておくことで、効率的なデータ管理ができます。レイヤーの操作には[レイヤーパネル]を使います。

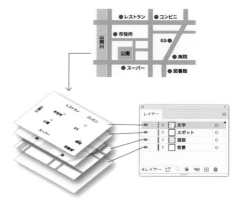

● レイヤーの追加と削除

[レイヤーパネル]で[新規レイヤー]をクリックすると、空白の新しいレイヤーを追加できます。削除するには、削除したいレイヤーを選択し、[レイヤーを削除]をクリックします。

追加 削除

[レイヤーパネル]を開くには、[ウィンドウ]メニュー→[レイヤー]で表示することができます。

● レイヤーパネルの基本

[レイヤーパネル]には、現在のレイヤー一覧が表示されています。複数のレイヤーがあるときは、項目をドラッグして重ね順を変更できます。レイヤー名の右端の角に三角がある項目が現在アクティブなレイヤーで、作成したオブジェクトは、このレイヤーに追加されます。また、レイヤー名の後ろの余白をダブルクリックすると、レイヤーオプションで細かい設定ができます。

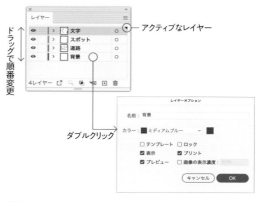

アクティブなレイヤー

ドラッグで順番変更

ダブルクリック

● レイヤーの表示とロック

レイヤー名の左にある、目のアイコンをクリックすると、レイヤーに所属しているすべてのオブジェクトを非表示にできます。また、その右にある枠をクリックすると南京錠のアイコンが表示され、そのレイヤーに所属しているすべてのオブジェクトがロック（選択できない状態）になります。いずれも再度クリックすると元に戻ります。一時的にレイヤーを隠しておきたい、選択したくないというときに利用します。

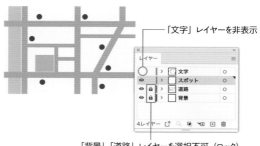

「文字」レイヤーを非表示

「背景」「道路」レイヤーを選択不可（ロック）

188

●オブジェクトを別のレイヤーに移動

オブジェクトを選択すると、そのオブジェクトが所属しているレイヤーの右にインジケーターと呼ばれる小さな印が表示されます。これをドラッグして別のレイヤーにドロップすると、所属レイヤーを移動できます。

C → B → A の順番で
重なった状態

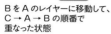

B を A のレイヤーに移動して、
C → A → B の順番で
重なった状態

選択したオブジェクトがあるレイヤー
(インジケーター)

ドラッグして
レイヤーを移動

5 ドキュメントを保存

作業が一区切りしたらドキュメントを保存します。ドキュメントの保存は [ファイル] メニュー→ [保存] を選択します。初期設定では、ドキュメントの保存先を「コンピューター」と「Creative Cloud」から選択する画面になります。どちらでも大丈夫ですが、今回は「コンピューターに保存」を選びましょう。なお、「コンピューター」は自分が使っているパソコン、「Creative Cloud」はクラウド上にクラウドドキュメントとして保存されます。

保存場所を指定するダイアログが表示されるので、任意の場所を開いて [保存] をクリックします。

保存を実行すると、ドキュメントの保存に関するオプション画面が表示されます。さまざまな項目があり、古い Illustrator で開くためにバージョンを指定したり、互換 PDF やカラープロファイルを保存するなどの設定を変更できますが、まずはそのままの設定で保存すれば OK です。

STUDY　Illustrator の基礎知識

作業の前に、少しだけデータの仕組みなどを把握しておくと、Illustrator のことをより深く理解できます。ここでは、単に手順を追って作業をするだけでは身につかない基礎知識を解説しています。本書で学習する際の手引きとして目を通しておくといいでしょう。

●ベクターとラスター

デジタルにおける画像の表現方法は大きく分けて 2 通りあります。ひとつは、ピクセルと呼ばれる四角形をタイルのように並べて階調を表現する「ラスター」で、デジカメで撮影した写真などは主にこちらの形式です。画素数（ピクセルの数）が多くなるほどより高精細な表現ができますが、その分データ容量が大きくなります。また、拡大や縮小によってデータが劣化してしまうのもデメリットです。一方は、計算式によって直線や曲線を表現する「ベクター」です。Illustrator で扱うパスはこちらの形式にあたります。ラスターのように複雑な階調表現には向いていませんが、拡大や縮小を繰り返しても画質が変わらないという特徴があります。

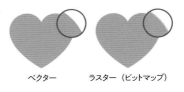

ベクター　　　　ラスター（ビットマップ）

● Illustrator におけるデータの種類

図形を組み合わせてアートワークを作成することが Illustrator の主な目的ですが、図形のほかに「画像・写真」「文字」も扱えます。これら、Illustrator で扱うデータは、すべて「オブジェクト」と呼ばれます。パスで構成された図形は「パスオブジェクト」、文字は「文字オブジェクト」、画像や写真などの配置れたオブジェクトは「リンクオブジェクト」になります。

オブジェクト

パスオブジェクト　　文字オブジェクト　　リンクオブジェクト

●パスとは

［長方形ツール］や［ペンツール］などを使って作成した図形は、点と点の間を線でつなぐような構成になっています。このときの点を「アンカーポイント」、線を「セグメント」と呼び、これら全体を合わせて「パス」と呼んでいます。つまり、Illustrator で作る図形は「パス」でできているということになります。

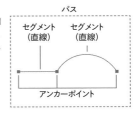

パス

セグメント　　セグメント
（直線）　　　（直線）

アンカーポイント

●曲線を制御する「ハンドル」

もっともシンプルなパスでは、2 点のアンカーポイントが直線のセグメントで結ばれていますが、アンカーポイントから「ハンドル」という制御点を引き出すと、これに引っ張られるようにセグメントが曲線になります。このハンドルを使うことで、きれいな曲線を表現できます。ハンドルを使った曲線の制御には慣れが必要ですが、使いこなせばどのような形でも自由に作れるようになります。

ハンドル

方向点

方向線

●外観の基本「線」と「塗り」

図形の外観を表現するときに覚えておきたいのが、「線」と「塗り」です。パスで構成された図形は、輪郭とその内部に対して別々の外観を設定できます。Illustrator においては、パスの輪郭に沿って設定する外観を「線」、パスで囲まれた内部に設定する外観を「塗り」と呼んでいます。設定できる外観は「カラー」、「グラデーション」、「パターン」などさまざまです。線はこのほかにも太さ、線端の形状、角の形状、なども設定できます。

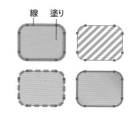

線　塗り

●カラーの扱い

線や塗りにカラーを設定する[カラーパネル]には、[線ボックス]と[塗りボックス]があり、それぞれにどのような外観が設定されているかが分かります。カラーを変更するときは、最初に線と塗りどちらかのボックスをクリックしてアクティブにしてから、スライダーやカラーバーを使って目的のカラーを設定します。また、線と塗りのボックスをダブルクリックしてカラーピッカーからカラーを選ぶことも可能です。

[カラーパネル]を開くには、[ウィンドウ]メニュー→[カラー]をクリックして表示することができます。また、カラーの設定は P.13、17 のように「プロパティパネル」の[アピアランス]で線と塗りのカラーを設定することもできます。

塗りがアクティブ
線がアクティブ

スライダー

塗りボックス
線ボックス

カラーバー

● 「スウォッチ」でカラーを再利用

同じカラーを何度も使いまわしたいとき、その都度手動で同じ設定を繰り返すのは面倒です。線や塗りを任意のカラーに設定したあと、[スウォッチパネル]の[新規スウォッチ]をクリックすれば、カラーに独自の名前をつけて保存しておくことができます。次からは[スウォッチパネル]に保存したスウォッチを選ぶだけで、簡単に同じカラーを設定できます。

[スウォッチパネル]を開くには、[ウィンドウ]メニュー→[スウォッチ]をクリックして表示することができます。

保存されたカラー、
パターン、グラデーション

新規スウォッチ

●外観の表現を広げる「アピアランス」

通常、オブジェクトの線と塗りはそれぞれ1つずつしかありません。しかし、アピアランスの機能を使うことで、これらを複数に増やせます。オブジェクトを選択し、[アピアランスパネル]の[新規線]、[新規塗り]をクリックすると、オブジェクトに対して線と塗りをいくつでも設定できます。これを使えば、ひとつのオブジェクトだけで複雑な外観を表現することも可能となります。

[アピアランスパネル]は、オブジェクトを選択した状態で、「プロパティパネル」の[アピアランス]内の[アピアランスパネルを開く]から開くか、[ウィンドウ]メニュー→[アピアランス]をクリックすると表示できます。

線と塗りと効果を追加した
アピアランス

アピアランスの構造

線
線
塗り
塗り

制作スタッフ

[装　丁]	鈴木大輔（ソウルデザイン）
[イラスト]	朝野ペコ
[デザイン]	佐々木麗奈
[作例制作]	田中聖子（MdN Design）
	石垣由梨（MdN Design）
[編集・DTP]	有限会社 AYURA
[DTP]	橘奈緒

[編集長]	後藤憲司
[編　集]	喜田千裕

Illustratorで
頭の中のそれ　デザインできます

2024 年 1 月 1 日　初版第 1 刷発行

著　　　者	五十嵐華子、髙橋としゆき
発 行 人	山口康夫
発　　　行	株式会社エムディエヌコーポレーション
	〒101-0051　東京都千代田区神田神保町一丁目 105 番地
	https://books.MdN.co.jp/
発　　　売	株式会社インプレス
	〒101-0051　東京都千代田区神田神保町一丁目 105 番地
印刷・製本	日経印刷株式会社

Printed in Japan

【カスタマーセンター】
造本には万全を期しておりますが、万一、落丁・乱丁などがございましたら、送料小社負担にてお取り替えいたします。
お手数ですが、カスタマーセンターまでご返送ください。

落丁・乱丁本などのご返送先
〒101-0051　東京都千代田区神田神保町一丁目 105 番地
株式会社エムディエヌコーポレーション カスタマーセンター
TEL：03-4334-2915

■書店・販売店のご注文受付
株式会社インプレス　受注センター
TEL：048-449-8040 / FAX：048-449-8041

■内容に関するお問い合わせ先
株式会社エムディエヌコーポレーション カスタマーセンター メール窓口
info@MdN.co.jp
本書の内容に関するご質問は、Eメールのみの受付となります。メールの件名は「Illustratorで頭のなかのそれ デザインできます 質問係」とお書きください。電話やFAX、郵便でのご質問にはお答えできません。ご質問の内容によりましては、しばらくお時間をいただく場合がございます。また、本書の範囲を超えるご質問に関しましてはお答えいたしかねますので、あらかじめご了承ください。

ISBN978-4-295-20526-5　C3055